Das praktische

# Igelbuch

DR. MICHAEL LOHMANN

# Das praktische Igelbuch

Nahrung • Krankheiten • Schutz • Pflege • Überwintern

blv

Der Autor dankt der erfahrenen
»Igelmutter« Marianne Pietsch
für wertvolle Hinweise und
Fallbeispiele sowie Frau Barbara Zellin
von der Igelhilfe e.V. für die kritische
Durchsicht des Manuskriptes

# Inhalt

## Der Igel in Volksmund, Kunst und Küche 7

## Allerlei Wissenswertes oder das kleine Igel-Einmaleins 13

## Igel im Garten 41

## Igel in Pflege 57

## Anhang 87

# Der Igel in Volksmund, Kunst und Küche

Igel sind putzige Tierchen, Igel sind Raubtiere, Igel sind schlau, Igel sind Schädlinge, Igel sind Verkehrssünder, Igel sind eine bedrohte Tierart ... Die Meinungen, Vorurteile, Sagen rund um den Igel sind vielfältig und widersprüchlich wie bei kaum einem anderen Tier.

△ Verschreckte oder aggressive Igel wirken »hundsnasig«,

▽ ... entspannte oder neugierige Igel wirken »schweinsnasig«.

## Volksmund tut nicht immer Wahrheit kund

Bis in unsere Tage kursiert die Mär, es gäbe 2 Arten von Igeln, den stumpfnasigen Hundsigel und den spitznasigen Schweinsigel (in Norddeutschland Swinigel genannt). Immerhin beruht diese Ansicht auf Beobachtung, wenn auch auf unzulänglicher. Dass nämlich der verschreckte Igel mit gesträubten Stacheln und zurückgezogenem Kopf sich wenig später wieder in den beruhigten Igel mit angelegten Stacheln und ausgestreckter Schnauze verwandelt, das ist den Erfindern der Mär offenbar entgangen.

Auf einem anderen Blatt (dem der scheinheiligen Verdrehung von Tatsachen) steht die Tatsache, dass im Mittelalter der Igel als Fastenspeise galt. Als Grund wurde die verquere Behauptung aufgestellt, er ernähre sich nur von Kräutern und Wurzeln. Als ob das andere Fleischlieferanten nicht täten. Na-

türlich ist kein wahres Wort an der Behauptung, der Igel ernähre sich von Kräutern und Wurzeln.

Wahr ist, dass sich der Stachelträger im Garten durch das Vertilgen von Engerlingen, Raupen, Würmern und Schnecken überwiegend nützlich macht. Wahr ist aber auch, dass wir gar nicht so genau wissen (wollen?), was Igel auf ihren nächtlichen Beutezügen so alles treiben. Leider kann ich folgende Geschichte hier nicht verschweigen: Meine rebhuhnfarbige Italienerglucke führte ihre 8 entzückenden Küken frei im Garten herum und verbrachte mit ihnen die Nächte in einem offenen Schuppen. Leider musste ich bald feststellen, dass es unseren Küken wie den 8 kleinen Negerlein erging. Sie wurden immer weniger. Was konnte das für ein geheimnisvolles Raubtier sein, das sich da Nacht für Nacht seine kleine wehrlose Beute holte? Ein Marder, eine Katze, ein Iltis, eine Eule? Als ich eines Abends nach dem Rechten sah, traute ich meinen Augen nicht. Im Schein meiner Taschenlampe verdrückte sich gerade ein Igel – mit einem meiner Küken in seinem Schweineschnäuzchen.

Als Fleischfresser machen sich Igel bei Gelegenheit auch über junge Mäuse oder Vögel her.

## Der Igel in Kunst und Literatur

Das niedliche Nadelkissen mit Schnuffelschnäuzchen hat auch in der bildenden Kunst immer wieder Modell gestanden. Schon im alten Ägypten, wo man sich darauf verstand, Tiere und Menschen überaus lebendig in Farbe oder Halbrelief auf Mauern und Friesen, auf Gefäßen und Schmuckstücken abzubilden, taucht unser Freund in den Jahrtausenden vor unserer Zeitrechnung auf. Zum Beispiel um 1400 v. Chr. als pieksiger Fächer mit charakteristischen Stummelbeinchen und Spitzschnauze in Seitenansicht – leichtfüßig übersprungen von Gazellen und Hasen. (Den Hasen werden wir uns merken müssen.)

Offenbar spielten auch im alten Persien die Kinder begüterter Eltern mit kunstvoll nachgebildeten Igeln auf Rädern. Jedenfalls fand man derlei Spielzeug in einem 3000 Jahre alten Grab in der antiken Stadt Susa nahe der heutigen Grenze zwischen Iran und Irak. Ob die Kinder Susas wie die unseres Autozeitalters

auch schon beim Hin- und Herschieben tuff-tuff-tuff sagten, ist nicht überliefert, aber doch nicht unwahrscheinlich, da sie vielleicht auch mit lebendigen Igeln spielten – und die machen ja manchmal ganz ähnliche Geräusche.

Aus dem antiken Griechenland hat man einen aus Ton gefertigten Igel ausgegraben, der auf seinen Stacheln merkwürdige kleine Kugeln trägt, die man als Weintrauben interpretiert hat. Es würde uns nicht wundern, wenn das Ammenmärchen vom Igel, der mit seinen Stacheln Früchte aufsammelt (!) und als Vorrat in seinen Bau (!) schleppt, schon aus jenen fernen Tagen stammt.

300 Jahre später haben wir den schriftlichen Beweis in der Behauptung des römischen Dichters Plinius des Älteren († 79 n. Chr.), wonach Igel sich auf den Rücken rollen, um Fallobst mit ihren Stacheln aufzuspießen und in ihr Nest zu tragen. Freilich wissen wir nicht, ob diese Idee auf des Dichters poetischem Mist gewachsen ist oder gutgläubig aus Volkes Mund kolportiert wurde.

Abbildungen von Igeln findet man auch in Kirchen und Wappen älterer und neuerer Provenienz. Im Wappen der tschechischen Stadt Jihlava etwa gibt es gleich 2 Igel, was dem des Tschechischen Unkundigen freilich erst dann einleuchtet, wenn er erfährt, dass dieser Ort einst Iglau hieß. Ob die Ortschaft Igel bei Trier wirklich nach unserem Stacheltier benannt ist, erscheint indes fraglich. Sie hieß in der Vergangenheit sowohl Egel als auch Aquilla – was an »aquila« = Adler erinnert. So stünde unser Igel zumindest sprachlich zwischen Blutegel und dem König der Lüfte. Dass dieser auf Englisch »eagle« heißt, was bekanntlich wie Igel klingt, macht die Sache nicht einfacher.

Auch durch die neuere Literatur trippelt der Igel, in der Regel als Sinnbild behaglichen Bürgertums (Pfeife rauchend vor seiner Hütte) und gutmütiger Schläue. Am bekanntesten ist gewiss das Märchen vom Wettlauf zwischen dem Hasen und dem Igel. Da hat der schlaue Igelmann – wir erinnern uns – einfach seine runde Igelfrau in die Zielgerade gesetzt und jedes Mal, wenn der ausgepumpte Schnellläufer eintraf, rufen lassen: »Ick bün all hier!« Denn dieser historische Wettlauf fand irgendwo da oben bei den Plattdeutschen statt, die beim Erzählen der Geschichte igelschlau mit den Worten beginnen: »Disse Geschicht is lögenhaft to vertellen, Jungens, aver wahr is se doch.« Jedenfalls steht es so bei den Brüdern Grimm. Übrigens handelt es sich bei dieser Geschichte offenbar auch um eines dieser unverwüstlichen Ammenmärchen: Auf einer mykenischen Vase hat man eine Abbildung des Rennens von Buxtehude gefunden. Eine andere Art von Lügengespinst tischt uns Kurt Tucholsky in einem

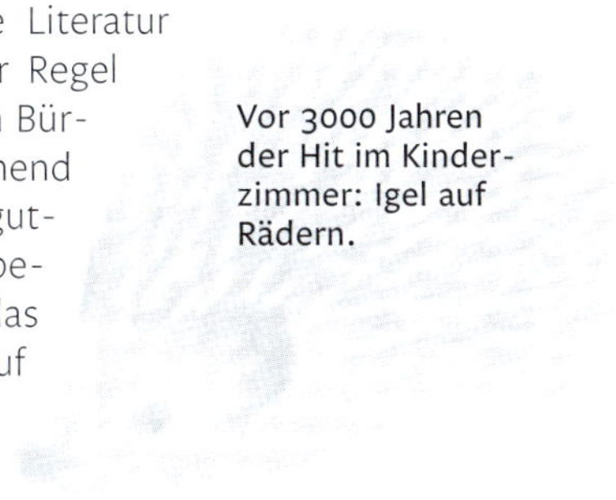

**Vor 3000 Jahren der Hit im Kinderzimmer: Igel auf Rädern.**

Das Rennen zwischen Hase und Igel geht offensichtlich auf sehr alte Überlieferungen zurück.

seiner nicht immer ganz stubenreinen Gedichte auf: »Wenn die Igel in der Abendstunde / still nach ihren Mäusen gehn, / hing auch ich verzückt an deinem Munde, / und es war um mich geschehn – Anna Luise!« Der Igel als Mäusejäger? Nicht möglich. Oder vielleicht doch? In Ergänzung des weiter oben Gesagten darf man feststellen: Igel leeren nicht nur Vogel-, sondern auch Mäusenester – und zwar schmatzend und mit Genuss. Bei ausgewachsenen Mäusen haben sie freilich allenfalls dann eine Chance, wenn diese zuvor einem Schlagan- oder sonstigen Unglücksfall zum Opfer fielen.

Selbst die sonst so naturkundlich bewanderten Briten haben ihre Igel-Ammenmärchen. Fast so beliebt wie Harry Potter ist dort »The Tale of Mrs. Tiggy-Winkle«. Eine allerliebste Lügengeschichte von einer Igel-Waschfrau, die in einer kleinen blitzblanken englischen Küche unterm Hügel Wäsche bügelt und der kleinen Lucy wieder zu ihrem verlorenen Taschentuch verhilft. Verfasst ist diese absolut jugendfreie Story übrigens von einer gewissen Beatrix Potter.

Von unserem unverwüstlichen Wilhelm Busch stammt das (eher schwache) Gedicht »Bewaffneter Friede«, in dem der Fuchs den Igel auffordert, seine friedlichen Zeiten nicht angemessene Rüstung abzulegen. Was der natürlich nicht tut. Aber auch der Fuchs tut in diesem Poem nicht das, was Wilhelm Busch ihm in anderem Zusammenhang durchaus unterzujubeln versucht: auf den eingerollten Igel zu pinkeln – was nach altem Jägerlatein ein probates Mittel sein soll, unangreifbare Igelkugeln in schmackhafte Beute zu verwandeln.

## Köche und Quacksalber

Von trauriger Glaubwürdigkeit sind Berichte, wonach in grauer Vorzeit, als Igel noch häufig und Supermärkte noch nicht erfunden waren, die Ärmsten der Gesellschaft ihren Sonntagsbraten aus der Hecke holten. Man sagt, so ein Igel, in Lehm überm Feuer oder in der Glut gebraten, sei eine recht schmackhafte Sache gewesen. Und die Stacheln seien am Ende hübsch sauber mit der Lehmhülle abgefallen.

Die von Naturwissenschaft und Aufklärung noch wenig erleuchteten Menschen des Mittelalters verarbeiteten und verwendeten bekanntlich alle nur erdenklichen Pflanzen- und Tierteile zur Heilung ihrer Gebrechen oder als Kosmetika. In den Apotheken muss es damals ähnlich ausgesehen haben wie noch heute in fernöstlichen.

Auch der Igel musste mit allem, was er besaß, herhalten, um der Leute Leiden, wenn schon nicht zu heilen, so doch ihren Glauben an Heilung zu stärken. Insbesondere die Schriften des Conrad Gesner (1516–1565) erweisen sich hier wieder einmal als wahre Fundgrube. In seinem »Thierbuch« preist er die Asche des Igels als »gut für faule, garstige Schäden oder Gebrechen« (allgemeiner geht's nicht!) und verspricht dem geneigten Leser mit Igelasche Haarwachstum sogar auf Narben. Auch innerlich empfiehlt er die Anwendung von Igelasche gegen Nierenschmerzen und Wassersucht. Gesalzenes und gedörrtes Igelfleisch helfe gegen Aussatz und gegen Warzen gäbe es nichts Besseres als Igelgalle. Für Haarausfall sorge die gleiche Galle allerdings, wenn sie »mit dem Hirn von einer Fledermaus und Hundsmilch angestrichen« wird. Was man ja als dezenten Hinweis darauf verstehen mag, solchen Unfug tunlichst bleiben zu lassen.

Noch im 18. Jahrhundert befriedigte der französische Naturgelehrte Jean-Louis Leclerc de Buffon (eine Art Vorläufer unseres Brehm oder Grzimek) in seiner 44-bändigen »Naturgeschichte« den Aberglauben seiner Leser mit allerlei Quacksalberischem vom Nutzen des Igels. Empfohlen wird mit Honig und Essig vermischte Igelleber bei Hüft- und Lendenschmerzen, Bleich- und Wassersucht, Gicht und Aussatz. (Ein wahres Allheilmittel!) Einleuchtend, dass die getrocknete und pulverisierte Milz der armen Stacheltiere gegen Milzbeschwerden gut ist. Weniger überzeugend, warum getrocknetes Igelblut den Abgang von Nieren- und Blasensteinen fördern soll. Igelschmalz, so weiß der Graf, lässt Knochenbrüche schneller heilen. Selbst die Verwendung von Igelkot wird angeraten: mit Wacholderharz, Essig und Pech zur Salbe verrührt, seien die Würstchen ein unfehlbares Mittel gegen den Haarausfall.

Den Wahrheitsbeweis für derlei Überlieferungen wollen wir nicht erbringen – der Igel zuliebe.

# Allerlei Wissenswertes
## oder das kleine Igel-Einmaleins

Zwar gehören Igel zu den wenigen wild lebenden Säugetieren unserer Fauna, denen wir trotz ihrer überwiegend nächtlichen Lebensweise doch immer wieder einmal begegnen. An einem milden Sommerabend, wenn wir bei Kerzenschein auf der Terrasse sitzen, vielleicht auch, wenn wir bei Dunkelheit noch schnell die Küchenabfälle zum Komposthaufen tragen, oder bei der Lektüre eines Buches, aus der uns merkwürdige Schnarchgeräusche vor dem offenen Fenster schrecken.

Obwohl also Igel gewissermaßen zu unseren Mitbewohnern gehören, wissen wir doch meist erstaunlich wenig von ihrem Leben und Treiben. Und unsere Unkenntnis beschränkt sich keineswegs nur auf die immer wieder gestellte Frage: Wie machen sie's? Dieser und anderen Fragen wollen wir im Folgenden nachgehen.

## Herkunft und Verwandtschaft

Die Familie der Igel (Erinaceidae) gehört, wie schon gesagt, der Ordnung der Insektenfresser (Insectivora) an. Die putzigen Stachelträger sind also weitläufig mit den Sippschaften der Maulwürfe und Spitzmäuse sowie einigen exotischen Familien wie Goldmullen, Otterspitzmäusen, Rüsselspringern, Schlitzrüsslern und Tanreks verwandt. Igel kommen in Europa, Afrika und Asien vor, fehlen also in Amerika und Australien. In diesem großen Verbreitungsgebiet haben sich 2 Unterfamilien herausgebildet, die stachellosen Ratten- oder Haarigel und die Echten oder Stacheligel. Letztere gliedern sich wiederum in 5 Gattungen, von denen eine die der Kleinohrigel ist, zu denen unser Europäischer oder Braunbrust-Igel gehört. Ob unsere Igel mit ihrer braunen oder grauen Unterseite und

Igel sind mit Spitzmäusen (auf dem Foto eine Wasserspitzmaus) und Maulwürfen verwandt, auch wenn man es ihnen nicht gleich ansieht.

Auch der lichtscheue Maulwurf gehört zur näheren Verwandtschaft des Igels.

ihrem dunkleren Brustfleck sich vom unterseits helleren, in Osteuropa und Vorderasien lebenden Weißbrustigel als eigene Art oder nur als Rasse unterscheiden, ist umstritten, da es in den Überschneidungsgebieten allerlei Mischlinge gibt. Im Übrigen leben auf den Balearen und an der spanischen Mittelmeerküste Abkömmlinge des in Nordafrika beheimateten Algerischen Igels; man nennt sie Wanderigel. Sie sind deutlich hochbeiniger, spitzschnauziger und heller, außerdem ragen ihre Ohren mehr hervor.

Die Igel – die mit den zu den Nagetieren zählenden Stachelschweinen außer den Stacheln wenig gemein haben – gehören zu den ältesten Säugetieren. In der Grube Messel bei Darmstadt fand man ein stacheltragendes Säugetier von Rattengröße, dessen Alter auf 50 Millionen Jahre geschätzt wird. Mit Sicherheit steht der Stamm der Insektivoren an der Basis aller höheren Säugetiere. In ihrer heutigen Form lebten Igel bereits vor 15 Millionen Jahren. Das zeugt von einer sehr erfolgreichen »Produktlinie«. Ob das Modell Mensch es jemals auf eine ähnlich erfolgreiche Laufzeit bringen wird, muss angesichts unseres wenig pflegsamen Umgangs mit den Lebensgrundlagen doch stark bezweifelt werden. So könnte am Ende das Märchen vom Hasen und Igel zu einem beschämenden Symbol für den Wettlauf des Menschen mit seinen bescheideneren Lebensgenossen werden.

## Verbreitung und Lebensräume

Unser heimischer Igel ist von der portugiesischen und britischen Atlantikküste über Skandinavien bis nach Mittelrussland verbreitet. Und wenn man die Sache mit der braunen und weißen Brust nicht so ernst nimmt, dann erstreckt sich seine Heimat auch über Südosteuropa bis nach Vorderasien.

In diesem ausgedehnten Areal bewohnt der Igel kleinräumig abwechslungsreiche, nicht zu nasse Landschaften mit Gebüsch und Laubbäumen, Brachflächen mit Staudendickichten und offenen,

kurzrasigen Flächen, auch steinige bis felsige Orte, in denen er sein gutes Klettervermögen unter Beweis stellen kann. In den Alpen findet man Igel bis in eine Höhe von 2000 m.

Da sowohl die intensiv genutzten, vielfach baum- und strauchlosen Landwirtschaftsflächen als auch die Nadelholz-Monokulturen der Forstwirtschaft den Nahrungs- und Versteckbedürfnissen des Igels in keiner Weise gerecht werden, haben sich die Tiere in weiten Teilen Europas ganz auf die durchgrünten Randbereiche der Dörfer und Städte zurückgezogen. Leider tragen aber allzu säuberliche Gärten, zu viele unüberwindbare Zäune und Betonschwellen sowie lebensgefährliche Straßen dazu bei, dass unsere Freunde auch hier nicht gerade im Paradies leben.

Im Allgemeinen sind Igel sehr standorttreu. Das kann ihnen überall dort zum Verhängnis werden, wo in der Kulturlandschaft verinselte Kleinpopulationen leben. Ohne Zuwanderung fehlt der für eine gesunde und widerstandsfähige Population nötige Genaustausch. Und wenn die Zahl der Einzeltiere unter eine bestimmte Schwelle absinkt, sei es durch Nahrungsmangel, durch Krankheiten oder durch Verluste aller Art, so besteht die Gefahr des völligen Erlöschens einer Kleingruppe. Eine natürliche Wiederbesiedlung solch isolierter Lebensräume ist oft gar nicht oder erst nach vielen Jahren möglich.

Zu ihrem Glück sind Igel aber nicht nur standorttreu, sondern auch gute Läufer. Besonders die Aktionsräume der Männchen sind oft erstaunlich groß. Sie durchstreifen Flächen bis zu einer Größe von 100 Hektar, das ist immerhin ein Geviert mit einer Kantenlänge von einem Kilometer. Die Weibchen begnügen sich in der Regel mit

**Strukturreiche, extensiv genutzte Landschaften mit vernetzten Hecken, Rainen, Waldrändern und Feldgehölzen sind ideale Igel-Lebensräume.**

**Naturnahe Wegränder und andere Randstrukturen können verinselte Lebensräume miteinander verbinden.**

kleineren Territorien von 30 Hektar oder weniger. Allerdings überlappen sich meist die Aktionsräume mehrerer Igel, sodass es keine markierten beziehungsweise verteidigten Reviere wie bei vielen anderen Tieren gibt. Monotone Nadelforste oder Agrarflächen mit einer Ausdehnung von mehr als 1000 Metern stellen selbst für wanderfreudige Igelmännchen eine fast unüberwindliche Barriere dar. Für Weibchen sind schon Kulturwüsten von mehr als 500 Metern Ausdehnung unter gewöhnlichen Bedingungen ein Grund zu verzagen.
Freilich muss man annehmen, dass Igel, wie fast alle Tiere, unter ungewöhnlicheren Bedingungen auch zu ungewöhnlichen Leistungen fähig sind. Wird etwa in einem Lebensraum die Nahrung knapp, findet sich kein Geschlechtspartner, oder wird es durch Vermehrung eng, so verlassen auch Igel ihre Heimat. Das Auswandern hat freilich nur dann Aussichten auf Erfolg, wenn unterwegs wenigstens ein Minimum an Wegzehrung geboten ist und die Gefahren für Leib und Leben sich in Grenzen halten. Schon ein Netz von unbewirtschafteten Wegrändern, Bahndämmen, Uferstreifen, Hecken und Feldgehölzen kann den Igeln – und nicht nur den Igeln! – ein Schicksal im »Gefängnis« isolierter Lebensräume oder gar den Tod ersparen.

## Anatomie und Sinnesleistungen

Erwachsene Igel erreichen eine Kopf-Rumpf-Länge von 25–30 cm, ihr spärlich behaarter Schwanz misst nur 2–3 cm. Damit gehören unsere Stacheltiere zu den größten lebenden Vertretern der Insektenfresser. Größer ist nur der in Südostasien beheimatete, stachellose Große Rattenigel, der ohne seinen langen nackten Schwanz bis 40 cm lang wird. Auf die Waage bringen unsere Igel 800–1300 g, wobei die Männchen meistens schwerer sind als die Weibchen. Gelegentlich findet man im Herbst Igel mit einem so stattlichen Fettvorrat, dass sie sogar bis 1,5 kg wiegen können.
Wie alle Vertreter der Insectivora sind die Kiefer der Igel mit 36 klei-

nen spitzen Zähnen besetzt, die zum Ergreifen und Zerkleinern von hartschaligen Insekten ebenso wie von weichhäutigen Würmern und Insektenlarven geeignet sind. Ob sie damit auch Hühnereier knacken können, ist heftig umstritten. Kleinere, zartschaligere Vogeleier dürften für sie kaum ein Problem sein – außer dem ihrer Erreichbarkeit.
Mit der Frage, welche Eigenschaft der Igel mit Bären, Affen und Menschen gemeinsam hat, können Sie wahrscheinlich sogar studierte Biologen hereinlegen. Die Antwort: Sie gehören alle zu den Sohlengängern, also zu den Säugetieren, die bei der Fortbewegung die gesamte Fuß- und gegebenenfalls Handfläche aufsetzen. Die meisten andere Tiere gehen ja sozusagen auf den Zehen- beziehungsweise Fingerspitzen, was zum Erreichen höherer Geschwindigkeiten von Vorteil ist.

Igel gehören zu den wenigen Tieren, die wie der Mensch auf der ganzen Sohle laufen.

Das auffallendste und originellste Merkmal der Igel ist zweifellos ihr Stachelkleid. Es handelt sich bei den Stacheln um umgebildete Haare. Bei der Geburt sind die relativ kurzen Stacheln noch weich und ganz in die wie aufgequollen wirkende Rückenhaut eingebettet, so-

**Igelstacheln sind gewöhnlich an Basis und Spitze hell, dazwischen dunkel.**

**Igelbabys kommen mit wenigen, ganz hellen Stacheln zur Welt.**

**Mit aufgestellten Stacheln wirken Igel größer und bedrohlich, besonders im Herbst kann man aber auch richtige »Schwergewichte« mit entsprechendem Fettvorrat finden.**

dass es zu keinen Verletzungen der Geburtswege kommen kann. Die erste Stachelgarnitur ist einheitlich hell, weiß bis hornfarben. Schon im Verlauf der ersten beiden Lebenswochen wachsen aber zwischen den weißen immer mehr braune Stacheln, die das typische Muster mit heller Spitze, darauf folgender dunkler Zone und anschließend wieder hellerer Basis aufweisen. Neben den gewöhnlich gefärbten Igeln findet man häufiger als bei anderen Tierarten auch Albinos, das heißt ganz weiße, pigmentlose Individuen mit roten Augen. Durch ihre nächtliche Lebensweise und ihre widerborstige Ausrüstung wirkt sich offenbar der stärkere Feinddruck, dem Albinos gewöhnlich ausgesetzt sind, bei weißen Igeln weniger nachteilig aus.

Anfangs stehen die Stacheln noch nicht so dicht wie später. Natürlich hat man sie auch gezählt und herausgefunden, dass Igelbabys mit etwa 100 Stacheln zur Welt kommen, es aber schon nach 5 Wochen auf rund 2000 bringen. Ein ausgewachsener Igel trägt auf seinem Kopf und Rücken 5000–7000 Stacheln. Gesicht, Flanken und Bauch des Igels sind von einem ganz gewöhnlichen Haarkleid bedeckt, einem allerdings etwas struppigborstigen Fell, das wie bei anderen Tieren auch der Körperisolierung dient.

Die Waffen des Igels wären von geringem Nutzen, gäbe es nicht auch einen Mechanismus, der sie in kürzester Zeit gefechtsbereit machen könnte. Rund um den Rücken verläuft daher ein kräftiger Muskel, der den ganzen Igelkörper zusammenzieht, dabei die Stacheln aufstellt und die verwundbaren Körperteile unter der Stachelhaube verbirgt. Meist begnügt sich der Igel anfangs nur mit einem Einziehen des Kopfes beziehungsweise mit dem Aufstellen der Stachelhaube des Kopfes. Fast zu einer Kugel rollt er sich erst dann zusammen, wenn der Angreifer tätlich wird.

Die Geschlechter sind beim Igel nicht ohne Weiteres zu unterscheiden, auch wenn, wie gesagt, die

Männchen in der Regel größer und schwerer sind als die Weibchen. Um es genau zu wissen, muss man die Tiere bauchseitig inspizieren. Beide Geschlechter weisen 2 Reihen zu je 5 Zitzen auf. Beim Weibchen sind sie nur zur Zeit des Säugens vergrößert. Die Geschlechtsöffnung des Männchens liegt etwas hinter der Mitte der Unterseite und kann in ihrer knopfförmigen, hautigen Ausbildung für den Nabel gehalten werden. Die Geschlechtsöffnung der Weibchen liegt viel weiter hinten, unmittelbar vor dem After; ihre Bauchmitte ist glatt und weist keinerlei nabelartiges Gebilde auf.
Unter den Sinnesorganen stehen Geruch und Geschmack wohl an oberster Stelle. Als Dämmerungs-

△ Von unten kann man die Geschlechter der Igel unterscheiden: Was wie ein Bauchnabel aussieht, ist die Geschlechtsöffnung des Männchens (links).

◁ Geruch und Gehör sind die wichtigsten Sinnesorgane des Igels.

Die merkwürdige Gewohnheit, sich zu bespeicheln, ist kein Anlass zur Sorge.

und Nachttiere müssen sich Igel bei der Nahrungssuche hauptsächlich auf ihre Nase verlassen. Außerdem besitzen sie in einer Nebenhöhle der Nasenhöhle ein so genanntes Jacobsonsches Organ, eine den Vögeln und Primaten fehlende, sonst aber bis zu den Reptilien weit verbreitete Spezialisierung des Geruchsorgans, das über einen Gang mit dem hinteren Gaumen verbunden ist. Es dient beim Igel und seinen Verwandten offenbar der ergänzenden geschmacklichen Beurteilung von Nahrung, die bereits aufgenommen wurde.

Im Zusammenhang mit der Funktion dieses Sinnesorgans steht eine merkwürdige Verhaltensweise des Igels. Stößt er auf einen unbekannten, aber möglicherweise nahrhaften Stoff, so beriecht und bekaut er ihn zunächst ausgiebig, wobei sich große Mengen schaumigen Speichels bilden. Ist die Prüfung abgeschlossen, wird der Speichelschaum mit herausgestreckter Zunge und unter grotesken Kopfverrenkungen auf den Rücken geschleudert. Man nimmt an, dass dies der Reinigung der Geschmacks- und Geruchszellen dient, sodass sie zur Prüfung neuer Stoffe wieder bereit sind.

An Leistungsfähigkeit steht das Gehör der Nase nur wenig nach. Die Wahrnehmung leisester Geräusche, wie sie Kleintiere durch ihre Fortbewegung erzeugen, dient genauso zum Aufstöbern von Beute wie der Geruchssinn. Ähnlich wie die relativ nah verwandten Fledermäuse können Igel auch Frequenzen bis weit in den Ultraschallbereich hinein hören. Auf kräftigere Geräusche reagieren Igel mit schreckhaftem Zusammenzucken oder sogar Einrollen.

Recht schwach entwickelt ist das Sehvermögen unseres Stacheltiers. Was er zum Leben braucht, bedarf keiner scharfen Fokussierung. Seine Beutetiere findet er mit der Nase und den Ohren, und um seinen Feinden zu entkommen, genügt es, ihren großen Schatten wahrnehmen und sich blitzschnell zusammenrollen zu können. Man weiß von blinden Igeln, die sich gut zurechtfanden und sogar Junge geführt haben. Der Tastsinn spielt vor allem im Gebrauch der langen Barthaare eine

Rolle, die ihm ebenso wie die Haare der Körperseiten seitliche Hindernisse signalisieren und wohl auch bei der Nahrungssuche mitwirken. Als ein mit breiter Sohle dem Boden verbundener gemächlicher Nachtwanderer nimmt der Igel selbstverständlich auch Vibrationen des Bodens wahr, wie sie beim Herannahen eines Feindes oder eines Autos verursacht werden. Leider nützt seine Reaktion darauf – das Einrollen – gar nichts, wenn der polternde Feind ein Auto ist.

## Verhalten

Igel sind Einzelgänger. Ihr Sozialverhalten beschränkt sich daher auf das biologisch Notwendige, auf Begattung und Jungenaufzucht.

### Fortpflanzung

Zwischen Ende Juni und Mitte August werden die Igelweibchen läufig. Die Igelmännchen streifen dann weiter als gewöhnlich herum, um ein Weibchen zu finden. Stoßen sie auf die Düfte eines Weibchens,

Die Barthaare helfen dem Igel, Hindernisse und Beute zu ertasten.

dauert es meist nicht lang, bis sie das Ziel ihrer Wanderung aufgestöbert haben.

Wie bei vielen Tieren muss das Männchen nun zunächst die innerartliche Aggression überwinden. Es bedient sich dazu einer denkbar einfachen Methode, indem es das störrische Ziel seiner Wünsche mit großer Ausdauer umkreist; eine Paarungszeremonie, die man auch »Igelkarussell« nennt. Lange zeigt sich die so Umworbene widerborstig und boxt den Eindringling in typischer Igelmanier mit aufgestellten Kopfstacheln fort, wenn er ihr zu nahe kommt. Bei all dem lassen die Igel erstaunliche Geräusche hören. Was schließlich den Sinneswandel erzeugt, Gewöhnung oder Schwindel, Erregung oder Langeweile – wir wissen es nicht.

Jedenfalls obsiegt irgendwann die Pflicht zur Arterhaltung, und es kommt zur Paarung. Sie vollzieht sich – im Gegensatz zu vielerlei Spekulationen – in der bei den meisten Tieren üblichen Art und Weise. Offenbar kann das Weibchen sein Hinterteil im entscheidenden Moment so hoch recken, dass das Männchen unbeschadet die Begattung vollziehen kann.

**Das Paarungsspiel der Igel beginnt mit einer gemächlichen Verfolgungsjagd im Kreis (»Igelkarussell«), die Begattung (unten) findet in der üblichen Weise statt.**

Kurz danach trennt sich das Paar wieder, was den Vorteil hat, dass die künftige Igelmutter keinen Nahrungskonkurrenten in ihrem Bereich dulden muss.

Etwa 35 Tage nach der Begattung kommen die Jungen zur Welt. Das Weibchen hat zu diesem Zweck sein gewöhnliches Tagesversteck zu einem großen, weich gepolsterten Nest ausgebaut. Das Material dazu – trockenes Gras, altes Laub, Moos und dergleichen – wird natürlich nicht, wie manchmal behauptet, mit den Stacheln aufgespießt und eingetragen, sondern mit der Schnauze. Bevorzugte Standorte für die Kinderstube sind regengeschützte Unterstände in hohlen Bäumen und Reisighaufen, unter Wurzelstöcken oder Holzstößen, in Schuppen, unter Dachüberständen und auch unter großen Steinen. Gerne werden auch entsprechend hergerichtete Verstecke angenommen, wenn es an natürlichen Unterschlüpfen fehlt.

Die Zahl der Jungen liegt je nach Ernährungszustand und Alter der Mutter zwischen 4 und 7. Die Jungen kommen mit geschlossenen Augen und Ohren zur Welt, sind also echte »Nesthocker«, was bei den Säugetieren (im Gegensatz zu den Vögeln) ein Zeichen von geringer Entwicklungshöhe ist. Zwischen dem 14. und 18. Lebenstag öffnen sich Augen und Ohren, und

**Im Durchschnitt wirft das Weibchen 5 Junge, in manchen Fällen aber auch bis zu 7.**

Bis zu 6 Wochen werden die Jungen gesäugt.

Ein gutes Versteck als Kinderstube ist Voraussetzung dafür, dass die Jungen ihre gefährdete Kindheit überleben.

im Alter von gut 3 Wochen verlassen die Kleinen zum ersten Mal für kurze Ausflüge mit der Mutter das Nest. Dabei versuchen sie, hinter der Mutter hertrippelnd, auch schon selbst Nahrung aufzuspüren und zu verspeisen. Die Igelmutter ist ihnen dabei allerdings in keiner Weise behilflich, führt sie allenfalls an gute Futterplätze. Verhungern müssen sie in ihrer Unerfahrenheit aber nicht, da sie noch bis zur 6. Lebenswoche regelmäßig gesäugt werden. Im Alter von etwa 2 Monaten sind die jungen Igel mit einem Körpergewicht von 200–250 g selbstständig und verlassen dann auch bald ihren Geburtsort.

In warmen Gegenden, wo der 1. Wurf schon Ende Mai, Anfang Juni zur Welt kommt, kann im August ein 2. Wurf folgen. Das ist in Mitteleuropa aber die Ausnahme. Untersuchungen in Dänemark Ende der 1970er-, Anfang der 1980er-Jahre an 453 Igelgeburten haben folgende Verteilung der Geburtszeiten ergeben: 19 im letzten Julidrittel, 278 im August, 144 im

Von der 3.–6. Woche folgen die Jungen ihrer Mutter auf deren Ausflüge und lernen dabei, selbst nach Nahrung zu suchen.

September und noch 12 im Oktober. Die Überlebenschancen so spät im Jahr geborener Igel sind in unserem Klima gering. Wir kommen darauf zurück (S. 57 ff.).

## Lautäußerungen

Die Paarungszeit der Igel ist auch die Zeit, in der sie am stimmfreudigsten sind. Über die gesamte Aktivitätsperiode kann man aber auch von einzelnen Igeln zum Beispiel schnaufend-fauchende bis schnarchende Geräusche vernehmen, die ausdrücken, dass sie sich gestört, aber nicht bedroht fühlen. Etwas dezenter schnaufen Igel beim Erkunden fremder Gegenstände oder Umgebungen. Bei Gefahr, aber auch beim Paarungsspiel fauchen, puffen und tuckern sie wie eine Dampfmaschine. Geraten Igel wirklich in Not, können sie laut und durchdringend kreischen. In ihrem Igelbuch beschreibt Helga Fritzsche, wie einer ihrer Zöglinge auch dann »markerschütternd« schrie, wenn das bereits gerochene Futter nicht sogleich erreichbar war. Ein Schrei ärgerlicher Enttäuschung also. Wenn sich Igel in die Quere kommen, etwa an einer Futterstelle, lassen sie ein lautes, offenbar aggressionsgetöntes Keckern hören. Leise blubbernde und fiepende Geräusche machen Igel in freudiger Erregung, wenn es etwas zu essen gibt. Von hungrigen oder die Mutter suchenden Jungigeln hört man ein kurzes, wiederholtes Fiepen, von spielenden Jungen zwitschernde Laute, die an Vögel erinnern.

Von so urtümlichen Tieren wie dem Igel sollte man ein ziemlich starres

Verhaltensinventar erwarten, geringe Flexibilität durch Lernen. Offenbar haben sie aber in ihrer millionenjährigen Entwicklung zwar ihr Äußeres wenig verändert, jedoch an den Fähigkeiten ihres Großhirns gearbeitet. Denn Igel sind durchaus lernfähig, können sich auf neue Situationen einstellen und sind in ihrem Verhalten erstaunlich flexibel – natürlich in Grenzen.

## Orientierung, Lernen, Körperpflege

**Obwohl Igel nicht zu den hoch entwickelten Tieren gehören, ist ihr Verhalten erstaunlich flexibel, sie sind bemerkenswert lernfähig.**

Besonders gut entwickelt ist bei Igeln die Fähigkeit, sich in ihrem Lebensraum zu orientieren. Im Laufe eines mehrjährigen Lebens prägen sie sich die Topographie nicht nur ihres engeren Umfeldes, sondern auch die ausgedehnterer Jagdgebiete so gut ein, dass sie zielsicher Nahrungsquellen, Durchschlupfmöglichkeiten und natürlich ihre Tagesverstecke, ihre Kinderstuben oder ihre Winternester ansteuern und Hindernisse oder Gefahrenquellen zu vermeiden lernen.

Ziemlich rasch lernen Igel auch zwischen Freund und Feind zu unterscheiden. In Obhut genommene Igel gewöhnen sich meist innerhalb kurzer Zeit an den oder die Menschen und werden oft nach einer Weile durchaus zutraulich. Längere Zeit in einer Wohnung gehaltene Igel, denen gestattet wird frei herumzulaufen, lernen erlaubte von verbotenen Türen zu unterscheiden. Offenbar können sie auch verschiedene Menschen an Geruch und Stimme unterscheiden lernen und verhalten sich gegenüber fremden Menschen, Hunden und Katzen deutlich scheuer als gegenüber vertrauten. Auch an zunächst Schrecken einflößende Geräusche können sie sich gewöhnen, wenn sie erfahren, dass sie harmlos sind.

Die Körperpflege bereitet Igeln begreiflicherweise Probleme – ein Grund, warum sie sehr unter Parasiten leiden. Sie lecken oder putzen sich nicht wie viele Säugetiere und Vögel, sondern beschränken sich auf Kratzen und Stachelschütteln. Besonders nach dem Aufwachen am Abend kratzt sich der Igel gerne ausgiebig, mal mit dem einen, mal mit dem anderen Hinterbein. Dabei erreicht er nicht nur die behaarten Körperstellen, sondern kratzt sich auch unter allerlei Verrenkungen zwischen den Stacheln.

## Winterschlaf

Höchst bemerkenswert ist die Eigenart der Igel, einen Winterschlaf zu halten. Da Winterschlaf ein Zeichen unvollkommener Temperaturregulation und damit Hinweis auf eine niedrige Evolutionsstufe ist, zeigt dies, dass Igel sogar innerhalb der ohnehin »primitiven« Gruppe der Insektivoren zu den besonders

altertümlichen Gattungen gehören, denn kein anderer heute lebender Vertreter der Gruppe hält ebenfalls Winterschlaf. Dafür tritt er da und dort bei höher entwickelten Gruppen auf, bei Fledermäusen und einigen Nagetieren (Siebenschläfer u. a.) etwa, alles Arten, die ohnehin niedrigere und von der Umwelt beeinflusste Wachtemperaturen aufweisen.

Der Winterschlaf liegt, entwicklungsgeschichtlich gesehen, zwischen der Winterstarre wechselwarmer Tiere (Wirbellose, Fische, Amphibien, Reptilien) und der durch Aktivitäts- und Fressphasen unterbrochenen Winterruhe höher entwickelter Säugetiere wie Bären, Dachse, Eichhörnchen, Hamster und Murmeltiere. Winterschläfer wie unser Igel müssen sich im Herbst ein ordentliches Fettpolster zulegen, damit sie die Wintermonate ohne Nahrungsaufnahme überstehen.

Dabei kommt ihnen zustatten, dass ihre Körpertemperatur (gewöhnlich um 35 °C) bei eingeschränkter Schilddrüsenfunktion auf sehr niedrige Werte (2–5 °C) absinken kann, bevor die Thermoregulation wieder einsetzt. Dadurch macht der Energieumsatz nur noch etwa $^1/_{50}$ des Sommerumsatzes aus. Mit einer ordentlichen Fettschicht und einem trockenen Winternest kommt ein Igel gut über 4–5 Wintermonate. Vorausgesetzt, er wird nicht durch Störung oder Wärme geweckt.

Igel suchen sich für die kalte Jahreszeit ein Versteck, in dem sie ihren Winterschlaf halten können.

## Kein Wasserfreund

Gegenüber Wasser verhalten sich Igel eher reserviert. Ihren Flüssigkeitsbedarf decken sie gewöhnlich über ihre »saftige« Nahrung. In heißen und trockenen Sommern, in denen auch nachts kein Tau fällt, kann es aber zu Engpässen kommen. In solchen Zeiten bekommen die Igelstationen immer wieder geschwächte Igel, die sich als unterernährt und halb verdurstet erweisen und vielfach nicht mehr zu retten sind. Da können Gärten, in denen ständig Wasser erreichbar

Ein Gartenteich dient Igeln als Tränke. Flache Ufer verhindern, dass das Wasser für Igel und andere Tiere zur Todesfalle wird.

ist, die Rettung sein – und nicht nur für Igel. Wichtig ist, dass eine Tränke nicht erst im Notfall eingerichtet wird, sondern möglichst das ganze Jahr, zumindest aber den ganzen Sommer über zur Verfügung steht.

Igel haben ein gutes Ortsgedächtnis. Aber Veränderungen in ihrer Umwelt – wie das Aufstellen einer Tränke – können sie erst dann ihrer inneren Landkarte einfügen, wenn sie auf ihren nächtlichen Streifzügen zufällig darauf stoßen. Das kann viele Tage oder auch schon einmal Wochen dauern. Darum ist es so wichtig, Nothilfen nicht erst dann einzurichten, wenn der Notfall eingetreten ist. Das gilt auch für Unterschlupfe und Verstecke, für Futterplätze und andere »Einrichtungen« im Igelrevier. Auch unsereins würde es nicht schätzten, wenn Esstisch oder Bett einmal hier und einmal dort oder dann überhaupt nicht mehr am gewohnten Platz stände.

Ideal ist ein Gartenteich mit sanft abfallenden Ufern. Igel können zwar, wie fast alle Tiere, schwimmen, sie gehen aber nicht freiwillig ins Wasser und halten auch nicht lange durch. Gartenteiche mit steilen Ufern werden daher schnell zur Todesfalle, wenn der Igel nicht rasch einen Ausstieg findet. Übrigens gilt dies sogar für Frösche und Ringelnattern, die ja bekanntlich gute Schwimmer sind, und erst recht für Mäuse, Käfer und andere Tiere, die nicht dauernd im Wasser leben. Für sie alle sind Teiche mit

Steilufern und Schwimmbecken ohne Ausstiegshilfen eine quälerische Todesfalle.
Wo ein geeigneter Teich nicht zur Verfügung steht, kann man allen Tieren des Gartens, vor allem Vögeln und Igeln, auf die einfachste Weise mit flachen Wasserschalen helfen, die als Tränke und Bad gleichermaßen dienen. Als ebenso billig wie praktisch haben sich die großen Untersetzer für Blumentöpfe erwiesen, die es in jedem Gartencenter oder Landhandel in allen Größen für wenig Geld zu kaufen gibt. Damit sie von schwergewichtigen Igeln nicht umgeworfen oder vom Wind erfasst werden können, legt man am besten einen schweren Stein in die Mitte – was unsere Tränke gleich auch noch etwas ansehnlicher macht.

△ Wie praktisch so eine Schnorchelnase beim Schwimmen ist.

▽ Igel sind ausdauernde (Nacht-)Wanderer.

## Tippelbrüder

Dass Igel nicht zu den Weltrekordlern im Wettrennen gehören, weiß jeder, der als Kind die Geschichte vom Wettlauf zwischen Hase und Igel (vgl. S. 9) gelesen hat. Nein, die Schnellsten sind sie nicht, mit ihrer Leibesfülle und den kurzen Beinen. Dennoch legen sie erstaunliche Strecken zurück und das oft in einer Nacht. Wie schon im Abschnitt über das Liebesleben der Igel bemerkt, begeben sich besonders Igelmännchen auf größere Wanderschaften, wenn im Frühsommer die Fortpflanzung ruft. Wobei unklar ist, ob die Kerle ge-

Regenwürmer, Schnecken, Engerlinge und andere Insektenlarven sind die Hauptnahrung des Igels.

zielt (nach Geruch? nach Gedächtnis?) oder auf gut Glück auf Brautschau gehen.
Hier ist vielleicht der Ort, noch einmal ein Wort über die »Reviere« der Igel zu verlieren. Im Gegensatz zu vielen anderen Säugetieren und Vögeln, die ganzjährig oder nur zur Zeit der Jungenaufzucht ein mehr oder weniger klar umgrenztes Territorium oder Nahrungsrevier gegen Rivalen der gleichen Art verteidigen, leben Igel in sogenannten Aktionsräumen ohne scharfe Grenzen, die je nach Nahrungsangebot größer oder kleiner sind und sich mit den Jagdgebieten benachbarter Igel oft vielfach überlappen (vgl. S. 15/16).

## Nahrung

Die natürliche Nahrung der Igel hängt vom Angebot des betreffenden Lebensraums ab. Käfer, Heuschrecken, Grillen und andere am Boden lebende Insekten sowie deren Larven machen in der Regel den größten Teil des täglichen beziehungsweise nächtlichen Speiseplans aus. Aber auch Asseln, Tausend- und Hundertfüßer, Ohrwürmer, Spinnen und Weberknechte, Würmer und Schnecken werden verzehrt. Wenn Igel auf ein Nest mit jungen Mäusen stoßen, so machen sie sich darüber ebenfalls her. Auch die Nester am Boden

brütender Vögel werden geleert, wo sie zufällig erreichbar sind, egal ob sich darin Eier oder Jungvögel befinden. Wie ich weiter oben schon berichtete, rauben ganz kecke Igel sogar Küken unter der Glucke weg. Ob sie aber auch Hühnereier knacken können, ist umstritten und eher unwahrscheinlich.

Grundsätzlich brauchen Igel eine fett- und eiweißreiche Ernährung. Pflanzliche Nahrung nehmen sie allenfalls zur Not, nebenbei oder als Ballaststoffe zu sich. Die alte Geschichte vom Igel, der mit seinen Stacheln Früchte aufspießt, um sie in seine Vorratskammer zu tragen, stimmt also in 3-facher Weise nicht: Weder benützen die Tiere ihre Stacheln als Spieße, noch legen sie Vorräte an, und an einem reifen Apfel knabbern sie höchstens nebenbei einmal. Nötig sind bei richtiger Ernährung vegetarische Zugaben auch in Gefangenschaft durchaus nicht. Die erforderlichen Vitamine – sofern sie sie nicht selbst erzeugen – beziehen die Igel aus dem richtigen Futter, wie Grillen oder Katzenbrekkies (siehe S. 70 ff. und 88). Schon an dieser Stelle sei darauf hingewiesen, dass Milch für Igel gar nicht geeignet ist (auch wenn sich der Brauch, Gartenigel mit Milch anzufüttern, hartnäckig hält). Kuhmilch führt bei Igeln zu erheblichen Verdauungsstörungen (Durchfällen); reine Sahne wird deutlich besser vertragen.

Für eine gute Verdauung sind mehr

An vegetarische Kost macht sich der Igel nur ausnahmsweise heran.

oder weniger unverdauliche Ballaststoffe in der Igelnahrung wichtig. Das harte und unverdauliche Chitin der Insekten bildet in der Natur wohl den größten Anteil an Ballaststoffen. Darüber hinaus werden mit Maden, Würmern und Schnecken allerlei pflanzliche Abfälle und auch Erde und kleine Steinchen aufgenommen. (Siehe auch »Die richtige Ernährung«, S. 70 ff.)

## Feinde, Parasiten und Krankheiten

Dank seiner bewährten Ausrüstung ist der Igel unter natürlichen Bedingungen keinem starken Feinddruck ausgesetzt. Das heißt aber keineswegs, dass der langsame, nahrhafte Bursche unantastbar wäre. Große Eulen und Greifvögel mit langen, dolchartigen Krallen wie Uhu oder Steinadler werden relativ leicht mit einem Igel fertig, weil sie mit ihren Waffen durch die Stacheln in den Körper eindringen können. Besonders der Uhu ist daher in Mitteleuropa einer der Hauptfeinde des Igels.

Doch auch Säugetiere stellen dem Igel nach, so Fuchs und Dachs. Über ihre Jagdmethoden gibt es wohl mehr Jägerlatein als zuverlässige Beobachtungen. Ob der Fuchs wirklich den eingerollten Igel mit Urin bespritzt oder ins Wasser rollt, um ihn angreifbar zu machen, ist wenig glaubhaft. Wie Beobachtungen mit Hunden zeigen, ist auch ein eingerollter Igel keineswegs unantastbar, zumal nicht bei längerer Bearbeitung. Der Dachs setzt seine langen scharfen Krallen ein, um einen Igel zu erbeuten.

Im Allgemeinen sind es aber wohl vor allem junge Igel, die das Opfer von Füchsen und Dachsen, Mardern und Iltissen, auch von Wildschweinen, Mäusebussarden, Habichten und anderen Greifvögeln und Eulen werden.

Zu den Feinden der Igel gehören auch ihre Parasiten: Zecken, Fliegenmaden, Flöhe und Milben außen, Lungenwürmer, Lungenhaarwürmer, Darmhaarwürmer, Darmsaugwürmer und Coccidien (Einzeller) innen. Wie stark Igel unter Parasiten zu leiden haben, hängt

**Der Uhu ist mit seinen langen Krallen einer der Hauptfeinde des Igels – freilich ein bei uns ziemlich seltener.**

Der Fuchs ist ausdauernd und schlau genug, die Verteidigungsstrategien des Igels zu überwinden.

△ Auch der Iltis kann mit Ausdauer zumindest jungen Igeln gefährlich werden.

▽ Mit der Körperpflege tun sich Igel schwer, weshalb sie sehr unter Parasiten leiden (hier ein Floh).

sehr von ihrem allgemeinen Gesundheitszustand ab. Schwache, schlecht ernährte Tiere werden stärker befallen und auch leichter ein Opfer des Befalls. Flöhe und Zecken haben fast alle wild lebenden Igel. Gesunden Tieren schaden sie nicht sichtbar. Auch Lungenwürmer sind sehr verbreitet; ihr Zwischenwirt sind vor allem Schnecken. Schwächere Tiere erliegen oft dem Befall. (Zur Parasitenbekämpfung siehe S. 68 und Anhang.)

## Gefahren im Siedlungsbereich vermeiden

In erstaunlichem Maße haben sich Igel in der vom Menschen geprägten Welt zurechtgefunden. Sie als

Kleine Beine brauchen kleine Stufen, um beispielsweise eine Kellertreppe wieder hinaufzukommen.

Kulturfolger zu bezeichnen, wie Hausmaus, Ratte, Haussperling, Mauersegler und andere, wäre allerdings übertrieben. Die unbestreitbare Tatsache, dass in Dörfern und gartenreichen Stadtteilen die Igeldichte meist ein Vielfaches der in der freien Landschaft ist, lässt sich wohl eher auf die unwirtlich gewordene, ausgeräumte und intensiv genutzte Feldflur zurückführen als auf die überragende Attraktivität der Siedlungen. Der größere Strukturreichtum im Siedlungsbereich ist leider auch mit einer größeren Gefahrenvielfalt für die kleinen Stachelträger verbunden.

Eine nicht unmittelbare Gefahr, aber dennoch folgenreiche und oft unnötige Verschlechterung der Lebensbedingungen stellen Hindernisse aller Art dar. Vor allem bis auf den Boden reichende Maschendrahtzäune und mehr als 10–15 cm hohe Betonsockel oder Mauern sind unüberwindbare Hürden nicht nur für Igel, sondern auch für Frösche, Kröten und andere »bodenständige« Tiere. Sollte Ihr Garten auf diese Weise »einbruchsicher« sein, lassen sich oft mit einfachen Mitteln Abhilfen schaffen: Vor einen zu hohen Betonsockel kann man in Abständen von einigen Metern größere Natursteinbrocken oder Ziegel als Stufen stellen. Einen zu dicht am Boden endenden Drahtzaun kann man in Abständen durch Steine oder Holzstücke so anheben, dass ein Igel daneben durchschlüpfen kann. (Eine Öffnung von 10 × 10 cm reicht vollkommen.)

Fallgruben für Igel gibt es mehr als man denkt. Von steilrandigen Wasserbecken war schon die Rede. Ebenso gefährlich sind Kellerschächte und Kellertreppen. Selbst Absperrgitter verhindern tödliche Unfälle nicht, wenn sie bis zur Hauswand nicht so dicht sind, dass auch Igelkinder nicht mehr durchfallen können (weniger als 5 cm). Wo eine Gitterabdeckung von Schächten nicht möglich ist, sollte man ein schräges Brett als Ausstiegshilfe anbringen. Bei Kellertreppen haben sich Ziegelsteine als nützlich erwiesen, die am Rand der Treppe die Stufenhöhe halbieren. Auch ein von unten bis oben durchgehendes Brett (mit kleinen Querleisten) kann abgestürzten Igeln (und Kröten?) das Leben retten. Noch besser, wenn gleich beim

Bau der Kellertreppe eine Betonschräge zum Schieben von Fahrrädern vorgesehen wurde.
Gefährlich für Igel und anderes Getier können auch dicht über dem Boden mündende Abluftschächte mit zu weiten Öffnungen werden. In solchen Fällen lässt sich ein enges Maschengitter meist unschwer anbringen. Am besten, Sie gehen einmal »mit Igelaugen« durch Ihren Garten, um alle Fallgruben zu entdecken und unschädlich zu machen. Dabei werden Sie sicher auch auf weitere Gefahren aufmerksam. Kunststoffnetze zum Beispiel, die Vögel von Ihren Beerensträuchern abhalten sollen, können durchaus Igeln zum Verhängnis werden, wenn sie bis auf dem Boden hängen. Sollten Sie gelegentlich Trapper spielen und Fallen gegen Mäuse oder Ratten in Ihrem Garten aufstellen (manche Leute versuchen auch Siebenschläfer und Marder zu fangen), so überlegen Sie bitte stets, welche anderen Tiere dabei unbeabsichtigt zu Schaden oder ums Leben kommen könnten. (Noch besser wäre es, Sie würden alle mörderischen Mittel aus Ihrem Garten verbannen und auf pfiffigere Vergrämungsmethode sinnen.)
Ahnungs- und Gedankenlosigkeit kann ebenso oft tödliche Folgen haben. Ein am Boden liegendes Gefäß kann, bei entsprechender Größe und duftender Verlockung, einem neugierig herumschnüffelnden Igel einen qualvollen Erstickungstod bringen. Auch andere Tiere können in solch achtlos weggeworfenen Essensbehältern zu Tode kommen.
Das Verbrennen von Reisighaufen und Gartenabfällen ist im Allgemeinen verboten. Als Sonnwendfeuer oder in der Land- und Forstwirtschaft wird es trotzdem praktiziert. Dabei kommen immer wieder Igel und ganze Igelfamilien ums Leben. Denn bekanntlich bevorzugen Igel den Wetterschutz von Reisighaufen zum Bau ihrer Schlaf- oder Geburtsnester und verbringen darunter auch gern ihren Winterschlaf. Man sollte also – wenn es denn sein muss – den Haufen vor dem Anzünden wenigstens umsetzen.

**Kellerschächte abdecken oder mit Ausstiegshilfen versehen.**

**Größte Vorsicht ist beim Umsetzen von Komposthaufen geboten.**

Besondere Vorsicht ist auch bei allen Gartenarbeiten geboten, besonders wenn man mit scharfem Werkzeug – Sense, Mist- oder Heugabel, Grabgabel, Spaten, Schaufel, Motorsense oder Motormäher – in Falllaub, Reisig- und Komposthaufen herumstochert. Da sind nicht nur Igel, sondern auch Blindschleichen, Ringelnattern, Frösche, Kröten und andere Tiere gefährdet.

## Wie alt werden Igel?

Die Lebenserwartung frei lebender Wildtiere ist immer dann schwierig zu bestimmen, wenn eindeutige Altersmerkmale oder individuelle Kennzeichen fehlen. Zwar kann man an toten Igeln das Alter anhand der Wachstumslinien der Kieferknochen ziemlich genau bestimmen, die Methode ist aber aufwändig und in der Praxis meist nicht anwendbar.

Wie bei Pferden kann man auch bei Igeln die Zähne zur Altersbestimmung heranziehen. Die in der Jugend spitzen Höcker der Backenzähne nutzen sich im Lauf der Zeit immer mehr ab. Bei Igeln, die älter als 4–5 Jahre sind, haben die Kauflächen der Backenzähne kaum noch »Profil« oder sind schon völlig glatt und werden mit der Zeit immer niedriger.

Größe und Gewicht eines Igels geben Auskunft darüber, ob das Tier ausgewachsen ist oder noch nicht. Unter gewöhnlichen Bedingungen sind in unserem Klima Igel erst im Alter von 2 Jahren ausgewachsen und geschlechtsreif. Aber auch da steckt der Teufel im Detail, denn es gibt immer kranke und/oder schlecht ernährte Mickerlinge, die älter sind, als man bei normal entwickelten Igeln annehmen sollte. Nach dem Winterschlaf, im März oder April, sind auch gesunde Igel untergewichtig und wirken kleiner als gut genährte Erwachsene, die 800–1000 g auf die Waage bringen. (Zur Altersbestimmung von Igelbabys siehe S. 82.)

Wirklich alten Igeln sieht man es an, dass sie ihre besseren Jahre hinter sich haben. Die anfangs weißen bis cremefarbenen Stachelspitzen werden immer gelber, die

Dichte des Stachelkleides wird immer schütterer, das Gebiss weist faule Stümpfe und Lücken auf, die Gesichtshaare ergrauen und fallen aus, bis es zu nackten Stellen kommt.

Insgesamt erreichen Igel, wie fast alle Wildtiere, in ihrer natürlichen Umwelt so gut wie nie das Alter von 10 oder mehr Jahren, das sie unter optimalen Bedingungen in Menschenobhut (Freigehege) erreichen können. Und wie gleichfalls bei den meisten Wildtieren ist die Sterblichkeit im 1. Lebensjahr am höchsten: Nur 20–40 % aller Jungigel überleben ihren 1. Geburtstag. Untersuchungen an individuell markierten Igelpopulationen in Mitteleuropa haben gezeigt, dass fast 89 % aller Igel jünger als 4 Jahre sind. Der Anteil an 4-Jährigen macht noch rund 6 % aus und sinkt dann auf je 0,7 % bei den 6- und 7-Jährigen. Da die Untersuchungen in einem ausgesprochen verkehrsarmen Gebiet gemacht wurden, muss man annehmen, dass die Lebenserwartung und der Anteil alter Igel unter »normalen« Bedingungen noch deutlich geringer ist.

Man kann also sagen: Igel werden in freier Natur im Schnitt höchstens 3–4 Jahre alt. Das bedeutet, dass Weibchen nur 2–3-mal Junge bekommen. Das macht im Mittel rund 10 Junge im Leben 1 Igelweibchens. 2 würden ausreichen, die Art zu erhalten.

Wer diese Tatsachen nach menschlichen Wertmaßstäben beurteilt, könnte auf den Gedanken kommen, Igeln (und anderen Wildtieren) würde man einen Gefallen tun, wenn man ihnen in Gefangenschaft zu einem deutlich längeren Leben verhilft. Selbst wenn wir alle nicht genau wissen, worin der Sinn und Zweck eines Igellebens liegt, und wir daher nicht beurteilen können, ob »länger« mit »besser« identisch ist, wird der Unsinn einer solchen Vermutung sofort deutlich, wenn wir den Gedanken zu Ende denken: Dann müssten wir die meisten, wenn nicht alle Wildtiere zu Haustieren machen. Ein grässlicher Gedanke, der wieder einmal zeigt, dass in der Natur andere Werte und Gesetze gelten als in unseren Gesellschaften – die sich übrigens ihre Moral nur deshalb leisten können, weil sie Tiere davon ausschließen.

**Igel können unter optimalen Bedingungen 10 Jahre alt werden, erreichen in freier Natur aber selten mehr als 3–4 Jahre.**

## Schutz

Igel sind in vielen Ländern Europas ganzjährig geschützt. Das deutsche Naturschutzgesetz verbietet, Igel zu töten, zu beunruhigen oder zu stören, sie aus ihrem Lebensraum zu entfernen oder ihre Nester und Unterschlüpfe zu zerstören. Igel dürfen nur dann mitgenommen werden, wenn es sich um eindeutig kranke oder verletzte Tiere handelt oder um Jungtiere im Spätherbst, die allem Augenschein nach weniger als die Hälfte des Erwachsenengewichtes von 800–1000 g haben und daher den Winter aus eigener Kraft wahrscheinlich nicht überleben können. In Pflege genommene Tiere müssen in ihrem Lebensraum wieder freigelassen werden, sobald sie in der Lage sind, sich ohne Hilfe zu ernähren und zu überleben.

Igel sind in Mitteleuropa besonders durch den Verkehr bedroht. Dass die oft kleinen, voneinander weitgehend isolierten Igelpopulationen die hohen Verluste auf der Straße überhaupt über längere Zeit überleben, zeigt, wie vital und flexibel die Art zu reagieren vermag. Offenbar können sie, wie viele Wildtiere, höhere Verluste in gewissen Grenzen durch höhere Nachwuchsraten ausgleichen – wobei der Mechanismus wohl eher umgekehrt darauf beruht, dass die Zahl der Jungen pro Jahr mit zunehmender Populationsdichte abnimmt. Straßen werden für Igel sehr häufig zur Falle, da sie mit vielen Kleintieren »beködert« sind, die entweder selbst Verkehrsopfer wurden oder die Fahrbahn aktiv aufsuchen, sei es um der leichten Beute oder der gespeicherten Wärme wegen. Die Langsamkeit der Igel und ihr defensives Einigeln bei Gefahr machen sie zum häufigsten Verkehrsopfer unter unseren Säugetieren. Durch etwas langsameres und umsichtigeres Fahren auf nächtlichen Landstraßen könnte freilich so manchem Igel (und nicht nur ihm) das Leben gerettet werden.

Zur Förderung der Igel könnten wir viel tun. Was der einzelne Gartenbesitzer unternehmen kann, davon soll im folgenden Abschnitt die Rede sein. Darüber hinaus wäre es aber höchst wünschenswert, wenn auch die Personen und Institutionen, denen die Nutzung und Pflege der Landschaft anvertraut ist, mehr als bisher darauf achten würden, die Natur ganz allgemein in ihrer

**Straßen sind wie beköderte Fallen für Igel.**

Vielfalt zu fördern, wo immer sich das mit den Zielen der Nutzung und Pflege ohne große Einbußen machen lässt. In vielen Fällen geht es dabei sogar nur um ein ökonomisch sinnvolles Unterlassen, Nicht-Tun. Etwa bei den vielerorts zu beobachtenden Pflegearbeiten an Straßen-, Weg- und Grabenrändern, an Bahnböschungen und Dämmen, auf Industrieflächen u. Ä. Wenn solche Flächen überhaupt gemäht werden müssen (um einer Verbuschung vorzubeugen), so würde nur einmal im Jahr, im späten Herbst, ausreichen. Damit könnte man kostengünstig und ohne Nutzungseinschränkungen ein engmaschiges Netz von artenreichen Kleinlebensräumen schaffen. Leider wird von damit befassten Behörden gegen solche Vorschläge oft eingewendet, das Personal müsse ganzjährig beschäftigt werden.

Viel könnten die Landwirte für eine lebendigere Landschaft und damit auch für den Igel tun, indem sie ihre wenig begründete Aversion gegen »Unkräuter« außerhalb der Ackerflächen überwinden, Hecken und Feldrainen einen Platz einräumen sowie Gräben, Uferstreifen und Böschungen sich selbst überlassen oder nur im Spätherbst mähen würden.

Das »Raubtier« Auto ist in den Überlebensstrategien des Igels nicht vorgesehen.

# Igel im Garten

Die schönsten Möglichkeiten, Igeln in dieser stacheligen Welt zu helfen, bieten sich den Gartenbesitzern. Voraussetzung ist freilich, dass die Gärten entweder groß oder mit einer igelfreundlichen Umgebung vernetzt sind. Möglichst natürlich beides. Vernetzt heißt in diesem Fall, für Igel erreichbar. Das heißt, die Gärten dürfen nicht durch für Igel unüberwindbare Mauern, Zäune, Gräben oder derlei abgeschottet sein. Wo es solche Hürden gibt, genügen meist schon kleine Durchschlüpfe, Stufen oder Stege. Denn Igel sind findig, können auch recht gut klettern, und haben sie einmal einen Zugang zu einem igeltauglichen Gelände entdeckt, dann finden sie ihn ohne langes Suchen auch immer wieder. Wenn zum Beispiel ein Garten mit in den Boden eingelassenen Betonplatten und dicht anschließendem Maschendraht umzäunt ist, genügt es schon, an ein oder zwei Stellen eine 10–15 cm breite und 10 cm hohe bodennahe Lücke zu schaffen. Solche Verbindungen bieten gleichzeitig auch Kröten (und anderem Getier) die Chance, einen naturfreundlichen Garten zu besiedeln oder zu besuchen (und bei der Schneckenbekämpfung mitzuhelfen). Katzen kommen da nicht durch.

## Natur und Struktur im Garten

Ob der Durchschlupf oder freie Zugang ein Tor zum Igelparadies oder eine falsche Versprechung ist, hängt von der Beschaffenheit des Gartens ab, von seiner biologischen und strukturellen Vielfalt. Denn Ordnung, Sauberkeit und Akkuratesse sind menschliche, kulturelle Werte,

**Gärten können geeignete Lebensräume für Igel sein – sofern man ihnen Zutritt verschafft.**

**In einem igelfreundlichen Garten haben »Schädlings-« Bekämpfungsmittel keinen Platz.**

mit denen die meisten Tiere nicht viel anfangen können. Im Gegenteil. Da der lupenreine Garten meist nur mit allerlei Vernichtungsmitteln zu verwirklichen ist, können solch sterile Zonen sogar zur Gefahr für Gesundheit oder Leben seiner Besucher werden. Da finden sie entweder keine oder aber vergiftete Nahrung, und nach Verstecken suchen sie meist vergeblich.

Es ist vielfach bewiesen, dass durch Schneckenkorn vergiftete Schnecken bei Igeln zu schweren Erkrankungen und oft zum Tode führen. Durch das Anbieten von Futter (sei es für Igel oder für Vögel) lassen sich derlei tote Gärten kaum als Refugium für Wildtiere aufwerten. Sie können im Gegenteil zur Falle werden, etwa wenn so ein Garten Katzen oder Hunden als Auslauf dient. Das Ziel sollte also sein, einen glücklichen Kompromiss zu finden zwischen dem schönen und dem lebensvollen Garten. Beides schließt einander aber keineswegs aus.

## Gärten als Lebensräume

Selbst malträtierte, fast zu Tode gepflegte Gärten sind Lebensräume, Biotope, Ökosysteme. Im Grunde gelten hier die gleichen Regeln und Gesetze wie überall in der Natur – und im Naturschutz. Früher hat man viel vom Artenschutz geredet, heute weiß man, dass Artenschutz nur als Lebensraumschutz, Biotopschutz erfolgreich sein kann: Wenn der Lebensraum nicht alle Bedingungen für Existenz und Fortpflanzung bietet, nützen alle Ansiedlungsversuche bedrohter Arten nichts. In den meisten Fällen sind es ja gerade die verschlechterten Lebensbedingungen, die zum Verschwinden der Spezies geführt haben. Die Formel im Naturschutz lautet daher heute: Artenschutz = Biotopschutz.

Die Bedeutung von Gärten nicht nur für Igel, sondern für Artenvielfalt und Erlebnisreichtum ganz allgemein geht aus der Tatsache hervor, dass zum Beispiel in Deutschland alle Gärten und Grünanlagen zusammen eine doppelt so große Fläche einnehmen wie sämtliche Naturschutzgebiete. Ökologen bestätigen, was mancher schon längst vermutet hat: Die Artenvielfalt ist im durchgrünten Siedlungsbereich ungleich größer als auf den allermeisten Landwirtschaftsflächen, größer sogar als in vielen Nadelholzforsten. Das sollte uns anspornen, noch mehr für den Naturschutz im Garten zu tun – zumal ökonomische Zwänge der Nutzung ja kaum noch eine Rolle spielen. (Wobei ein ökologisch ausgerichtet Nutzgarten durchaus ein wertvoller Teil eines Naturgartens sein kann.)

Unabhängig von berechtigter Kritik am Umgang mit Natur durch viele Nutzer, aber auch angebliche Pfle-

ger, wird jeder naturliebende Gartenbesitzer zunächst einmal »vor der eigenen Haustür kehren«, im eigenen Wirkungsbereich beginnen. Das ist aus doppeltem Grund sinnvoll. Erstens: Hier können wir ohne viel zu fragen und viel zu organisieren unmittelbar tätig werden. Zweitens: Durch unser Beispiel können wir Nachbarn und vielleicht sogar Gemeindeverwaltungen eher dazu bringen, in gleicher Richtung tätig zu werden, als durch theoretische Vorträge über den ökologischen Nutzen dieser oder jener Bepflanzung und Gestaltung. Allerdings gibt es immer auch jene ärgerlichen Schmarotzer, die sich an bunten Schmetterlingen und Vogelgesang zwar gerne laben, in ihrem eigenen Garten aber jede Wildblume, jede Brennnessel mit Stumpf und Stiel ausrotten und jede Blattlaus, jede Schnecke wie ihren persönlichen Todfeind mit Gift und Galle bekriegen.

Doch lassen wir uns nicht davon entmutigen, dass ökologisches Handeln, wie jedes nicht nur am Eigennutz orientierte verantwortungsvolle Tun, immer auch einen gemeinnützigen Anteil hat – der einem in vielen Fällen noch nicht einmal gedankt wird. Das sollte uns Mut zum Handeln geben, aber nicht überheblich machen. Immerhin machen wir mit einer noch so naturfreundlichen Gartengestaltung längst nicht all die Schäden wieder wett, die wir mit unserer modernen Lebensweise dem gesamten Ökosystem antun. Gehen

Ein Garten, in dem man Igelbesuch empfangen möchte, muss reich an natürlichen Strukturen sein.

wir also in aller Bescheidenheit ans Werk.

## Strukturen

Wer neu gebaut hat, kann seinen Garten gleich so anlegen, dass dessen »Topografie« die Grundlage für einen möglichst vielseitigen Lebensraum ist. Bei der heutigen Art des Bauens werden meist große Mengen Boden bewegt. Das ist für die gewachsene Bodenstruktur, die Wasserführung und die Durchwurzelung zwar meist von Nachteil, bietet aber auch die Möglichkeit, in eine vorher eher monotone Fläche Abwechslung und damit Standortvielfalt zu bringen. Darum sollte man sich über die spätere Gartengestaltung schon Gedanken machen, bevor Bagger und Schubraupen anrücken.

Gewöhnlich wird die Humusschicht der Baugrube zur Seite geschoben, dann der Aushub abtransportiert und am Ende der Humus rund ums Haus wieder planiert, das heißt eingeebnet. Schon der gesunde Menschenverstand sagt uns aber, dass jede Erhöhung im Gelände ein wenig trockener und jede Vertiefung ein wenig feuchter sein wird als die ebene Fläche am gleichen Ort. Die ökologischen Bedingungen eines flachen Geländes lassen sich also durch eine Mulde und einen Hügel bereits verdreifachen. Und wenn wir diesen Effekt noch verstärken wollen, dann erschaffen wir den Hügel aus wasserdurchlässigem Material wie Kies und Sand und die Mulde aus wasserstauendem Material wie Lehm oder Teichfolie. Je nach Beschaffenheit des Aushubs der Baugrube, nach Größe und Lage des Grundstücks und nach den Zielvorstellungen des Bauherren kann man den Aushub dazu verwenden, Relief und Standortvielfalt in den Garten zu bringen. Ist der Aushub sandig-kiesig, können wir damit durch Aufschüttung herrliche Trocken- und Magerstandorte schaffen, ist er lehmig-tonig, so bietet er sich zur Schaffung eines Teiches oder einer sumpfigen Fläche an.

Eine Sache des natürlichen Geschmackes und Augenmaßes ist es, wie groß, wie hoch und wie tief solche Bodenmodellierungen sein können. Auf jeden Fall müssen »Berge« und »Täler« in einem ausgewogenen Verhältnis zur ebenen Fläche stehen. Die Ebene sollte stets den Großteil der Fläche ein-

**Igel sind eher wasserscheu, für einen gelegentlichen Schluck sind sie aber dankbar.**

Als gute Kletterer lieben Igel höhlenreiche und wärmespeichernde Steinhaufen oder Natursteinmauern.

nehmen und Hänge sollten niemals steil, sondern so flach wie möglich ansteigen oder abfallen. Jede Steilheit muss physikalisch stimmen, das heißt vom Material her wie in der Natur der Witterung von Jahrtausenden trotzen können. Auch die Relationen müssen stimmen. Wenn der Hügel nur ein größerer Maulwurfshügel und der Teich nur eine bessere Pfütze sein kann, weil die Grundstücksgröße nicht mehr hergibt, dann sollte man die Finger von geologischem Schöpfertum lassen.

Mit Erhebungen und Vertiefungen im Bodenrelief sind die Möglichkeiten, abiotische Strukturen und damit ein Grundgerüst an ökologischer Vielfalt zu schaffen, noch keineswegs erschöpft. Ohne in Details zu gehen, sei hier nur an so vielseitig von Pflanzen und Tieren nutzbare Kleinlebensräume wie Natursteinmauern erinnert. Auch sie sollten sich harmonisch ins Gelände einfügen, eventuell als steiler Übergang vom Hügel zur Mulde, oder frei stehend als Begrenzung zwischen Terrasse und Garten. Der Wert solcher Mauern liegt in ihrer Fähigkeit der Wärmespeicherung, ihren zahlreichen Hohlräumen für Tiere und in der Möglichkeit der Besiedlung durch etwas ungewöhnlichere Pflanzen. Darum dürfen die Steine nur aufgeschichtet, nicht aber vermörtelt werden. Erde zwischen den Steinen erleichtert die Ansiedlung von Moosen, Farnen und

zierlich blühendem Zimbelkraut, ohne Eidechsen, Kröten und Blaumeisen Unterschlupf und Nistplatz streitig zu machen.
Die meisten Leser werden aber eher über die Möglichkeiten nachdenken, wie sie einen bereits vorhandenen Garten für Igel und andere Tiere attraktiver machen können. Auch wenn man in solchen Fällen größere Bodenbewegungen vielfach scheuen wird, lässt sich doch auch schon mit kleineren Maßnahmen einiges erreichen. Mit Stein- und Reisighaufen sowie Tränken kann man auch in bestehenden Gärten die Lebensraumvielfalt auf einfache Weise steigern. Ein Haufen grober Steine an sonnigem Ort kann zumindest teilweise die Funktionen einer Natursteinmauer übernehmen. Reisighaufen und Brennholzstapel werden von Igeln bevorzugt für den Bau ihrer Schlafnester und Wochenstuben aufgesucht. Vom Bau einer Igelwohnung wird noch die Rede sein (siehe S. 69f.).

## Die richtigen Pflanzen im Naturgarten

Obwohl Igel keine Pflanzenfresser sind, spielt die Art der Vegetation für sie doch eine wichtige Rolle. Zum einen als strukturbildendes Element und zum andern als Grundlage für eine reiche Kleinlebewelt, die den kleinen Stachelträgern als Nahrung dient.
Die wohl größte Bedeutung haben Sträucher und Büsche, möglichst in größeren Gruppen oder Reihen – zum Beispiel als Hecken. Nicht umsonst heißt der Igel auf Englisch »hedgehog« (Heckenschwein). Hecken und dichte Gebüsche bieten ihm Schutz vor Feinden und extremen Witterungseinflüssen. Im beerendurchsetzten Falllaub, das sich windgeschützt reichlich ansam-

Ein gutes, weitgehend regensicheres Versteck bieten dem Igel Reisighaufen oder Holzstöße.

Ein Lager bloß aus etwas Laub reicht dem nässeempfindlichen Igel gewöhnlich nicht.

melt, gedeihen all die kleinen wirbellosen Tiere, von Würmern bis Insekten(-larven), von denen sich Igel hauptsächlich ernähren. An besonders geschützten Stellen baut sich der Igel sogar sein Schlafnest.

Damit Hecken und Gebüsche mit den Jahren nicht von unten verkahlen, sollte man sie gelegentlich zurückschneiden. Manche Arten, wie die Hasel, vertragen auch eine Radikalverjüngung, wobei man sie »auf den Stock setzt«, das heißt, im Herbst oder Winter alle Äste 20–30 cm über dem Boden abschneidet. Andere mögen es lieber, nur im oberen Drittel gestutzt zu werden; auch bei ihnen kann man aber einzelne ältere Äste dann und wann ganz herausnehmen. Das bei solchen Aktionen anfallende Schnittgut sollte man etwas zerkleinern und in kleineren oder größeren Haufen (je nach Platz) unter den Sträuchern aufschichten. Das sind für Igel gute Verstecke. Wenn einem das zu unordentlich ist, kann man die stärker zerkleinerten Zweige auch gleichmäßig über die Streuschicht verteilen. Das gibt zusammen mit dem alten Laub eine lockere Mulchdecke, in der sich des Igels Beutetiere reichlich entwickeln können. (Der käufliche Rindenmulch ist dafür nicht geeignet.)

An zweiter Stelle nach den Sträuchern stehen in der Bedeutungsskala die Hochstauden für den Naturgarten im Allgemeinen wie für den Igel im Besonderen. Zwar tut er sich hier manchmal schon schwer, zwischen den dichten Stängeln noch durchzukommen. Aber Lücken und Durchschlüpfe gibt es immer, und manchmal entstehen richtige kleine Trampelpfade zwischen den Stängeln von Wasserdost, Brennnesseln, Goldrute, Mädesüß, Blutweiderich und was es sonst noch alles an wilden und kultivierten Sommerblühern gibt.

## Pflege und Bewirtschaftung eines igelfreundlichen Gartens

Neben Gestaltung und Bepflanzung des Gartens spielt die Art und Weise, wie man ihn pflegt und nutzt, eine entscheidende Rolle bei der Frage, wie attraktiv er als Lebensraum für Igel und viele andere Tiere sein kann. Natürlich lassen sich Igel auch mit speziellen Angeboten in den Garten locken, mit Futter, Tränke und Unterschlupf (S. 50ff.). Doch wenn der Garten ansonsten eine Ordnungswüste ist (Sie verstehen, was ich meine), dann werden Igel bestenfalls zu Besuch kommen – und auch das nur, wenn die Umgebung ihnen mehr bietet. Zum wirklichen Igel-Lebensraum wird ein Garten erst durch eine möglichst naturnahe Pflege und Nutzung – oder sollte ich sagen: Nicht-Pflege und Nicht-Nutzung?

Hohle Baumstümpfe sind in freier Natur ein beliebtes, wenn auch seltenes Igelversteck.

Nein, keine Angst vor Wildnis, vor grüner Hölle, vor Ärger mit den Nachbarn. Eine gewisse Ansehnlichkeit, Schönheit und Ordnung lässt sich durchaus mit einem hohen Maß an Natürlichkeit verbinden. Selbstverständlich ist das umso leichter, je größer der Garten ist. In großen Gärten kann man ja unschwer größere, zum Beispiel vom Haus weiter entfernte Bereiche ziemlich verwildern lassen und andere als Rasenflächen, Blumenbeete oder Gemüsegarten intensiver nutzen. Bei kleineren Gärten muss man sich meist für einen Kompromiss entscheiden – und der kann mehr im wilden oder mehr im geordneten Bereich liegen.

Nun liegt die Nutzung eines Gartens ja nicht nur im Mähen, Umgraben und Pflanzen. Wie attraktiv er für Igel und andere Wildtiere (auch Vögel) ist, hängt auch davon ab, wie intensiv Menschen, Hunde, Katzen und andere Haustiere einen Garten bevölkern. Wird jeder Quadratmeter ständig von Ball spielen-

den Kindern, herumjagenden Hunden oder schleichenden Katzen frequentiert, dann kann ein Garten auch bei naturnaher Gestaltung kaum zur dauerhaften Heimat von Igeln, Kröten oder Rotkehlchen werden. Dies sei nur gesagt, um übertriebene Hoffnungen zu dämpfen, nicht um Prioritäten zu setzen. Da es beim Thema Katzen, Hunde und Kinder im Garten nicht um ein Entweder-oder gehen kann, eine Koexistenz aber in vielen Fällen nicht möglich ist, plädiere ich für eine räumlich Trennung – wo sich so etwas machen lässt. Wie viel Platz man den einzelnen »Interessengruppen« einräumen kann und will, das kann nur jeder selbst entscheiden. Wie man das Problem technisch löst, ist ebenfalls vielfach nur individuell zu klären. Man sollte sich aber grundsätzlich nicht davor scheuen, auch einmal Maschendraht (mit Durchschlüpfen für Igel und Kröten!) einzusetzen, um kleine Wildnisse vor Störungen zu schützen. Noch besser, wenn sich mit Dornsträuchern das gleiche Ziel erreichen lässt.

## Natürliche Nahrungsquellen fördern

Da neben den Strukturen eines Lebensraumes (zum Beispiel für Verstecke) vor allem die natürlichen Nahrungsquellen darüber entscheiden, ob Igel (oder andere Tiere) diesen Lebensraum annehmen und sich gegebenenfalls auch darin

In der Umgebung des Menschen finden Igel heutzutage oft bessere Lebensbedingungen als in den öden Feldern und Wäldern.

fortpflanzen, möchte ich noch einmal auf die Bedingungen für ein vielfältiges, natürliches Nahrungsangebot für Igel eingehen – auch wenn es vielen Gärten ohne Zusatzfütterung nicht abgehen wird. Denn ein erwachsener Igel braucht mindesten 50 g hochwertige Nahrung am Tag.

Das Kleintierleben im Boden und vor allem in der Streu- oder Mulchschicht ist viel reichhaltiger und als Nahrungsquelle für Igel, Kröten, Vögel und andere viel ergiebiger, als wir uns das im Allgemeinen vorstellen. Das reicht von Laufkäfern, Käferlarven, Raupen und Regenwürmern bis hin zu weniger nahrhaften Spinnen und Weberknechten. Daneben findet sich eine Vielzahl von Tausendfüßern, Asseln, Fliegen- und Mückenlarven – eine ziemlich bizarre Unterwelt aus uns meist wenig sympathisch erscheinenden Gestalten.

**Ein strukturreicher Garten mit – zumindest stellenweise – dicker Streu- oder Mulchschicht bietet Igeln stets abwechslungsreiche Nahrung.**

Dieses geheimnisvolle Leben des Bodens kann sich aber nur dort in aller Fülle entfalten, wo diese Organismen das finden, was sie seit Jahrmillionen gewohnt sind. Wenn wir ständig im Boden herumwühlen, im Herbst die nährende und schützende Schicht des gefallenen Laubs, der abgestorbenen Kräuter und Gräser entfernen und den Boden nackt dem Winter aussetzen, dann dürfen wir uns nicht wundern, wenn sich das Wunder des Bodenlebens nicht entfalten kann.

Natürlich müssen manche Flächen im Garten ohne Rücksicht auf Boden- und Vogelleben gepflegt und genutzt werden – sonst wäre es kein Garten. Rasenflächen müssen gemäht und im Herbst teilweise auch von Falllaub befreit werden, Blumen- und Gemüsebeete von wild wuchernder Konkurrenz frei gehalten werden. Die dabei entstehenden »Abfälle« sollte man aber wo immer möglich als Bodenabdeckung (Mulch) auf Beeten oder unter Sträuchern und als Baumscheiben unter Bäumen verwenden, zumindest aber kompostieren, in jedem Fall also einen artenreichen Stoffkreislauf erhalten, von dem auch Igel profitieren.

## Wie man Igel anlocken kann

Das beste Zeichen für einen igelfreundlichen Garten ist, wenn eines Abends einer der Stachelträger von selbst anmarschiert kommt, unter den Büschen herumschnaubt oder über die Terrasse trippelt. Wir können aber auch besondere Mittel einsetzen, um Igel gezielt anzulocken, zum Bleiben oder Wiederkommen zu bewegen.

### Zufütterung und Tränke

Weit verbreitet herrscht die Meinung, ein Schälchen Milch, abends auf die Terrasse gestellt, sei das beste Mittel, um Igel anzulocken

und mit der Zeit zutraulich zu machen. Diese Ansicht beruht zwar auf Erfahrung, ist aber dennoch gefährlich falsch. Denn: Igel mögen zwar Milch, aber sie bekommt ihnen schlecht. Das ist eine Erfahrung, die man an »Hausigeln« gemacht hat. Sie bekommen Durchfall. An wild lebenden, nur zu Besuch kommenden Igeln kann man die Auswirkungen des Milchgenusses verständlicherweise kaum beobachten. Wenn es dem Igel danach schlecht geht, bleibt er allenfalls am nächsten Abend aus – und niemand weiß, warum.

Anfüttern ist in Ordnung, aber bitte nur mit Futter, das Igel gut vertragen. Katzen- und Hundefutter trocken oder aus der Büchse, frisches, fettarmes Hackfleisch, lebende Mehlwürmer – das entspricht ihrer natürlichen Nahrung. Und geringe Mengen genügen vollkommen. Wir wollen ja keine Igel mästen. Und da Igel eher zum Einzelgängertum neigen, werden wir auch keine Igelversammlungen durch voll gehäufte Futterschüsseln erreichen. Nur wenn ein Weibchen mit seinen halbwüchsigen Jungen uns die Ehre gibt, können wir etwas mehr Futter anbieten. Detaillierter gehen wir auf das Thema im Abschnitt »Die richtige Ernährung« ein (S. 70 ff.).

Ein flaches Gefäß mit stets frischem Wasser sollte ohnehin in jedem Garten von Naturfreunden nicht fehlen. Davon profitieren nicht nur Igel, sondern auch Vögel, die es nicht nur als Tränke, sondern gern

Mit regelmäßigem Futterangebot kann man Igel anlocken. Dann überwinden die stacheligen Gesellen sogar ihr Einzelgängertum und erscheinen zu mehreren am Fressnapf – gutes Nahrungsangebot spricht sich eben schnell herum.

Natürliche Verstecke und Wochenstuben sind für den Igel schon fast die Ausnahme geworden.

und vor allem auch als Badewanne benutzen. Größere Blumentopf-Untersätze mit niedrigem Rand erfüllen durchaus den Zweck.

## Unterschlüpfe

Eine dritte Möglichkeit, einen Garten für umherstreifende Igel attraktiv zu machen, sind Verstecke, Unterschlüpfe. Ältere oder ländlichere Gärten bieten meist genug Gelegenheiten, wo Igel ein trockenes Plätzchen finden, sei es, um hier an regnerischen Tagen ein Dach überm Kopf zu haben, sei es, um sich ein immer wieder aufgesuchtes Schlafnest zu bauen oder um warm und weich gepolstert hier die Jungen zur Welt zu bringen und aufzuziehen. Im Herbst suchen Igel geschützte Stellen für das Nest, in dem sie ihren Winterschlaf halten.
Besonders anziehend sind für Igel schmale Zwischenräume zwischen Erde und irgendeinem »Dach«, also etwa unter Gartenhäuschen, Lauben, Schuppen und Bienenhäusern, unter Treppen und Veranden. Auch unter Holzstößen finden sie oft geeignete Bedingungen. In freier Natur, wo es derlei Verstecke nicht gibt, kriechen sie in hohle oder unter umgefallene Baumstämme, unter Reisighaufen, auch unter Steine, um ihr Nest aus altem Laub und trockenem Gras zu bauen. In menschlicher Umgebung verwenden sie zur Polsterung ihres Nestes oft auch Papierfetzen und anderen Müll.
In neueren, kleineren, städtischeren Gärten, wo solche Unterschlüpfe meist fehlen, kann man an

Igel sind erstaunlich anpassungsfähig und beweglich, aber...

einem möglichst ruhigen Plätzchen im Garten eine einfache Wohnung für den Igel basteln. Die besteht im einfachsten Fall aus einer großen, sehr flachen, an 4 Seiten geschlossenen Holzkiste, einem Dach mit 3 niedrigen Wänden. Das Dach sollte etwa 40–50 cm im Quadrat messen, die Seitenwände sollten nicht höher als 10–15 cm sein. Wer will, kann auch noch die 4. Seite bis auf einen etwa 10 × 10 cm großen Einschlupf schließen. Etwas trockenes Laub und Gras im Innern (oder zum Selbereintragen in der Umgebung) erhöht die Attraktivität. Das Ganze lässt sich natürlich auch mit einem Brett auf seitlichen Ziegelsteinen verwirklichen. Architektonische Perfektion ist bei Wildtieren eher unbeliebt. Ein etwas erhöhter Boden aus Holz oder Stein ist nur nötig, wo die Gefahr besteht, dass Regenwasser seitlich zuläuft.

... sie wissen einen bequemeren Eingang zu ihrem Versteck durchaus zu schätzen.

## Wie nützlich, wie schädlich sind Igel im Garten?

Es scheint mir wenig zeitgemäß, in der herkömmlichen Weise nach Schaden und Nutzen eines Tieres im Garten zu fragen. Denn, wie schon gesagt, die meisten Gärten erfüllen ja die Funktion der Nahrungsversorgung gar nicht mehr oder nur noch am Rand. Und selbst da, wo Gärten noch überwiegend dem Anbau von Gemüse, Obst und Küchenkräutern dienen, sind sie selten mehr als ein nahrhaftes Hobby, von dessen Erträgen unsere Existenz nicht abhängt. Wir können es uns leisten, den Garten mit der Natur zu teilen (wenn auch leider aufgrund der Tatsache, dass anderswo die Bodennutzung umso rigoroser gegen die Natur praktiziert wird).

**Welchen Stellenwert wir Igeln in unserer Umwelt, unserem Garten geben, hängt in erster Linie von der Art der Nutzung ab.**

Wenn wir heute nach dem Nutzen oder Schaden von Wildpflanzen und Wildtieren fragen, so können wir – im Garten weitgehend, in Wald und Flur in zunehmendem Maße – wirtschaftlich-nützliche Aspekte gegen ökologisch-psychologische abwägen. Der Erholungswert eines Gartens, einer Landschaft wird heute vielfach schon höher veranschlagt als ihr ökonomischer Nutzwert. Stadtnahe Wälder werden nicht mehr in erster Linie auf maximale Holzproduktion getrimmt, sondern unter Gesichtspunkten ihrer »Sozialfunktion« für die Stadtbevölkerung, und unter ökologischen Aspekten gehegt und gepflegt. Wobei sich erfreulicherweise gezeigt hat, dass Strukturvielfalt, Artenreichtum, Ungestörtheit und viele andere ökologische Ziele identisch sind mit Zielen wie Erholung und Erlebnisreichtum. In der Gestaltung der Gärten drückt sich das schon viel länger aus.

Trotzdem sei hier zumindest die Frage gestellt, in welchem Maße Igel des Menschen Freud oder Leid sein können. Sind sie wirklich nur die netten, etwas tollpatschigen Burschen, sind sie die gerühmten Schädlingsvertilger, oder sind sie auch lästig und ärgerlich? Wie »nett« man einen Igel findet, hängt selbstverständlich von jedem Einzelnen ab. Und wenn jemand spontan keinen so rechten Zugang zu den kleinen Stachelträgern findet, dann wird er/sie auch entsprechend empfindlicher auf gewisse Begleiterscheinungen reagieren: auf das Schnauben und Prusten unter der Veranda oder im abendlichen Gebüsch, oder auf die kleinen schwarzen Würstchen, die ein nächtlicher Besucher auf der Terrasse hinterlassen hat.

Wer seinen Garten mit Nutzpflanzen und Haustieren auch wirtschaftlich nutzt, wird seine Sympathie für den Igel zudem von seiner Nutzen-Schaden-Bilanz abhängig machen. Im Nutzgarten, das kann man wohl unumschränkt sagen, sind Igel als Vertilger von Käfern, Raupen, Schnecken, Engerlingen, Maulwurfsgrillen und Schnakenmaden sowie vereinzelt auch Wühlmausjungen als Nützlinge zu bezeichnen. Wenn es auch schwer ist, diesen Nutzen abzuwägen gegen den »Schaden« durch die Vertilgung anderer Nützlinge wie Asseln, Tausendfüßer, Spinnen, Weberknechte und Marienkäfer sowie bei Gelegenheit mal durch das Verspeisen von Brut oder Gelege eines bodennah brütenden Rotkehlchens oder Zaunkönigs.

Wie schon in der Einleitung geschildert, vergreifen sich Igel bisweilen auch an wenige Tage alten Hühnerküken, wenn sie ihrer bei Dunkelheit habhaft werden können. Gegen solche Übergriffe sind offenbar sogar die Glucken wehrlos. Gewöhnlich übernachten Glucken mit Küken ja aber auch nicht im Freien, wo sie schließlich auch Marder, Wiesel, Iltis, Fuchs und wer weiß wem noch ausgesetzt sind. Also dürfte es sich bei solchen Übeltaten des Igels um ausgesprochene Einzelfälle handeln, die letztlich eher auf das Konto des Hühnerhalters gehen. Wie es mit der oft behaupteten Vorliebe des Igels für Hühnereier steht, ist nach wie vor umstritten. Manche sagen, er wäre gar nicht fähig, mit seinem kleinen Maul ein so großes Ei aufzubeißen, andere trauen ihm das allerdings sehr wohl zu.

Ich denke, aus all dem lässt sich der Schluss ziehen, dass Igel ihren guten Ruf zu Recht genießen, in Haus und Hof mehr nützlich als schädlich sind und uns mit ihrem Wesen und Treiben entschieden mehr Freude als Ärger machen. Wenn Igel trotzdem da und dort noch getötet werden (bei uns ist das glücklicherweise nicht nur verboten, sondern auch verpönt), so spricht das eher für Armut und wirtschaftliche Not, allenfalls für eine gewisse Gleichgültigkeit gegenüber Lebewesen, wohl aber nie für Hass oder Ekel wie bei manch anderen Tieren. Denn Igel werden angeblich auch heute noch in einigen südeuropäischen Ländern gegessen – ob aus Not oder als Delikatesse, ist mir nicht bekannt.

**Katzen sind keine wirkliche Gefahr für den Igel, wenn es auch lästig ist, sich wegen ihnen dauernd einigeln zu müssen. Manche Igel fressen mit der Hauskatze aus einem Napf.**

# Igel in Pflege

Mit Nachdruck möchte ich gleich zu Beginn dieses Abschnitts darauf hinweisen, dass nur 3 Gründe es rechtfertigen, einen Igel vorübergehend – oder in Ausnahmefällen auf Dauer – in Pflege zu nehmen:

- Wenn ein Igel verletzt oder krank ist (solche Patienten müssen zum Tierarzt),
- wenn untergewichtige Igel im Spätherbst geringe Aussichten haben, den Winter ohne Hilfe zu überleben,
- wenn noch nicht selbstständige Igelsäuglinge die Mutter verloren haben.

Nur in diesen Fällen erlaubt auch das Naturschutzgesetz das vorübergehende Einfangen eines Wildtiers – immer mit dem Ziel, es nach der Genesung oder Überwinterung wieder in seinem Lebensraum auszusetzen.

## Was der Gesetzgeber sagt

Igel gehören in Deutschland zu den besonders geschützten Tierarten. Das Bundesnaturschutzgesetz sagt in § 42:
(1) Es ist verboten, wild lebenden Tieren der besonders geschützten Arten nachzustellen, sie zu fangen, zu verletzen, zu töten oder ihre Entwicklungsformen, Nist-, Brut-, Wohn- oder Zufluchtstätten der Natur zu entnehmen, zu beschädigen oder zu zerstören ...
(2) Es ist ferner verboten, Tiere [und Pflanzen] der besonders geschützten Arten 1. in Besitz oder Gewahrsam zu nehmen ...
Als Ausnahmen gestattet das Gesetz in § 43:
(6) Abweichend von den Verboten des § 42 ... ist es zulässig, verletzte, hilflose oder kranke Tiere aufzunehmen, um sie gesund zu pflegen. Die Tiere sind unverzüglich in die Freiheit zu entlassen, sobald sie sich dort selbstständig erhalten können.
Für aufgenommene Igel gilt außerdem das Tierschutzgesetz (§ 2):
Wer ein Tier hält, betreut oder zu betreuen hat,

- muss dem Tier angemessene Nahrung und Pflege sowie eine verhaltensgerechte Unterbringung gewähren,
- darf das artgemäße Bewegungsbedürfnis eines Tieres nicht dauernd und nicht so einschränken, dass dem Tier vermeidbare Schmerzen, Leiden oder Schäden zugefügt werden,

Nur wenn ein Igel wirklich menschliche Hilfe benötigt, darf er in Pflege genommen werden.

**Im Zweifelsfall ist es immer gescheiter, ein Wildtier zu lassen, wo es ist. Unsachgemäße Hilfsbereitschaft kann mehr schaden als nützen.**

Vor Hunden wird der Igel zur Kugel. Wenn er aber erfährt, dass ihm nichts passiert, gewöhnt er sich an ihre Gesellschaft.

- muss über die für eine angemessene Ernährung, Pflege und verhaltensgerechte Unterbringung des Tieres erforderlichen Kenntnisse und Fähigkeiten verfügen.

Wer Igel (oder Wildtiere ganz allgemein) in Obhut nimmt, auf den wartet eine schöne, aber nicht leichte Aufgabe, die zudem viel Selbstlosigkeit erfordert, weil man ja einen vielleicht lieb gewonnen Hausgenossen wieder in die Natur entlassen muss. Die Versorgung selber erfordert vom Pfleger Sachkenntnis, geeignete Räumlichkeiten, viel Zeit, Disziplin und etwas übriges Geld.

## Welche Igel brauchen Hilfe?

Bei vielen Menschen sind Tierliebe und Hilfsbereitschaft größer als die notwendige Sachkenntnis. Da ist es noch am besten – wenn auch für die Betroffenen oft lästig –, wenn nicht gleich zur Selbsthilfe, sondern zum Telefon gegriffen und bei Feuerwehr, Polizei oder einem Naturschutzverband um Rat oder Hilfe gebeten wird; hier bekommt man oft auch die Adresse einer nahe gelegenen Igelstation.

Begegnungen mit Wildtieren sind für viele Menschen heute so ungewöhnlich, dass selbst ganz normale Tatsachen zu den wildesten Vermutungen und Befürchtungen (Vergiftung? Verletzung? Tollwut? Vogelgrippe?) führen. Der Anblick von noch wenig scheuen und hilflos erscheinenden Jungtieren weckt oft Mutterinstinkte, die meist fehl am Platz sind.

Von Igeln ist bekannt, dass sie im Herbst manchmal Untergewicht haben, was vielfach dazu führt, dass jeder Igel aufgesammelt wird, der einem im Oktober oder November über den Weg läuft.

Das Aufnehmen von Wildtieren unterliegt aber nicht nur den genannten strengen naturschutzrechtlichen Bestimmungen, es ist auch in jedem Fall ein riskantes Unterfangen für Gesundheit und Leben des Tieres. Denn selbst wenn es gelingt, einen jungen Vogel, ei-

nen verletzten, kranken, untergewichtigen oder verwaisten Igel gut über die Runden zu bringen – was viel Sachkenntnis und Opfermut erfordert –, so ist doch die Rückführung in die Natur, die immer Ziel jeder Hilfsaktion sein muss, meist mit großen Risiken verbunden. Das an täglich vorgesetztes Futter und andere Bequemlichkeiten gewöhnte Tier ist oft nicht mehr in der Lage, die viel härteren Lebensbedingungen in freier Wildbahn zu meistern. Auch hat es oft die nötige Scheu vor Menschen, Hunden und anderen Feinden verloren. Es verhungert, wird das Opfer von Feinden oder bekommt keinen Anschluss mehr an die Artgenossen.
Es ist daher wichtig, bereits am Fundort festzustellen, ob ein Tier wirklich ein Kandidat für den Tierarzt beziehungsweise die häusliche Pflege ist oder nicht.

Der Ernährungszustand, gemessen am Gewicht eines Igels (siehe S. 65), kann einem wichtige Hinweise auf den Gesundheitszustand geben. Und im Herbst ist das Körpergewicht ein entscheidendes Indiz dafür, ob ein Igel den in der Regel 4-monatigen Winterschlaf ohne Hilfe lebend überstehen kann. Für die Erstdiagnose in freier Wildbahn steht eine Waage allerdings gewöhnlich nicht zur Verfügung. Da muss man andere Merkmale beachten, um entscheiden zu können, ob ein Tier Hilfe braucht oder nicht.

## Augenschein-Diagnose am Fundort

Zunächst gilt es also, allein durch Beobachtung zwischen normalem und anormalem Aussehen und

Ein in Abwehrstellung zur Kugel gerollter Igel sollte ohne weitere Störung spätestens nach 5–10 Minuten wieder entspannt sein.

Besonders Igelbabys, die noch nicht genug Speck angesetzt haben, haben es schwer, ohne Hilfe über den Winter zu kommen.

Verhalten zu unterscheiden. Nicht normal kann schon die Tatsache sein, dass ein Igel am helllichten Tag herumläuft oder sich in ungeschützter Umgebung aufhält. Dann sind aber weitere Beobachtungen nötig.

Das Einrollen als Reaktion auf eine Berührung, ein starkes Geräusch oder einen erschreckenden Anblick ist normal. Ebenso das längere mehr oder wenige reglose Verharren in der »Igelstellung« – sofern es nach Beendigung der Störung nicht länger als höchstens 5–10 Minuten anhält. Entspannt sich der Igel auch nach längerer, wirklich störungsfreier Zeit nicht, um seinen Weg fortzusetzen, so lässt das auf innere oder nicht sofort sichtbare äußere Verletzungen schließen. Man sollte ihn aber wirklich lang genug und aus gebührender Entfernung und in aller Stille beobachten.

Nicht normal ist ein anhaltend langsames Umherschleichen; gesunde Igel trippeln eilig dahin.

Auch aus der Körperform lassen sich Rückschlüsse auf den Gesundheitszustand ziehen: Ein gesunder, gut ernährter Igel sieht von oben kompakt eiförmig aus. Weist er von oben eingefallene Flanken (eine »Taille«) auf und von der Seite einen Absatz zwischen Kopf und Rumpf (»Hungerfalte«), so ist das Tier mit Sicherheit krank oder unterernährt – oder beides.

Erkennt man an der Größe und den weißlichen Stachelspitzen, dass wir einen Jungigel vor uns haben, so kann in 2 Fällen Hilfe nötig sein: bei noch nicht selbstständigen, verwaisten Säuglingen und bei Jungen, die im November noch deutlich unter 500 g wiegen (vgl. »Körpergewicht« S. 65).

## Mutterlose Igelbabys?

Ob ein halbwüchsiges Igelkind noch im Säuglingsalter ist und die Mutter verloren hat, oder ob es sich schon selbstständig durchbringen kann, ist aufgrund bloßen Augenscheins schwer zu entscheiden.

Die Jungen werden bis zur 6. Lebenswoche und einem Gewicht von 200–250 g gesäugt, nehmen aber schon vorher auch andere Nahrung auf, die sie ohne Anleitung finden. Ab der 4. Lebenswoche sind alle Zähne vorhanden, sodass sich die

jungen Igel etwa ab der 5. Woche auch ohne Mutter durchschlagen können.
Igelkinder, einzeln oder zu mehreren, die unter 200 g wiegen und auch nach längerer (etwa 1-stündiger) Beobachtung mutterlos bleiben, sind im Allgemeinen als Pflegekandidaten anzusehen.

## Krank oder verletzt?

Sind Sie aufgrund des ersten Augenscheins zu dem Schluss gekommen, dass ein Igel Hilfe braucht, so sollten Sie ihn mit beiden Händen seitlich aufheben, um ihn, möglichst noch am Fundort, genauer zu untersuchen. Da Igel aus Angst manchmal beißen, was nicht gefährlich, aber etwas schmerzhaft (und kein Hinweis auf Tollwut) ist, sollte man sie nicht von vorne anfassen. Es empfiehlt sich, zum Aufheben Handschuhe oder ein Tuch zu verwenden.
Zuerst inspiziert man Kopf und Rücken zwischen den Stacheln auf Wunden, Fliegenmaden, Zecken, Flöhe. Fast alle Igel sind mit Außenparasiten in größerer oder kleinerer Zahl »gesegnet«. Ein sehr starker Befall mit Ungeziefer ist aber oft ein Zeichen von geschwächter Gesundheit. Weiteren Aufschluss über den Gesundheitszustand des Igels gibt der »Stacheltest«: Zieht man einen Stachel hoch und lässt ihn wieder los, wird er beim gesunden Igel sofort wie-

Bei sachgemäßer Behandlung gewöhnt sich ein Igel bald daran, aufgenommen zu werden. Man sollte es aber so selten wie möglich tun.

**Auch wenn es nur eine vorübergehende Bindung ist: Bevor man einen Igelpflegling zu sich nimmt, sollte man den alten Spruch beherzigen, wonach sich der prüfen sollte, der sich (ewig) bindet.**

der zurückgezogen, während beim kranken Tier Haut und Stachel eine Weile erhöht bleiben.
Als Nächstes ist die Unterseite zu untersuchen, was beim eingerollten Igel seine Schwierigkeiten birgt. Es bedarf einiger Erfahrung, mit den behandschuhten Händen den Igel seitlich so zu untergreifen, dass man mit sanfter Gewalt die Stachelkugel zum Öffnen bringt. Auch wenn man die Stacheln der hinteren Körperhälfte mit der behandschuhten Hand zurückstreicht, kann man den Igel zum Öffnen der Kugel bewegen; leider zieht er sich dann bei der nächsten Gelegenheit aber wieder zusammen.
Hat man sich so oder so Zugang zur Körperunterseite verschafft, untersucht man systematisch Kopf, Bauch und Gliedmaßen. Die Augen sollten vorstehen und glänzen, nicht eingefallen und matt sein; die Nase sollte feucht und kühl sein; in den Ohren sollten keine Fliegenmaden sein. Der Bauch wird dann auf Wunden und Parasitenbefall hin untersucht. Dabei dürfen die bei beiden Geschlechtern erkennbaren Zitzen (5 auf jeder Seite) und die nabelförmige Geschlechtsöffnung des Männchens nicht mit Zecken verwechselt werden. Die Beine sollten frei beweglich sein, nicht schlaff herabhängen – was auf Brüche schließen lässt. Der After sollte nicht kotverschmiert sein.

## Transport

Sind wir nach diesen Untersuchungen zu dem Schluss gekommen, dass der Igel unsere Hilfe braucht, müssen wir für den Transport einen geeigneten Beutel, ein Tuch, einen Karton, einen Plastikeimer oder etwas Ähnliches finden. Wegen der Flöhe, die viele Igel haben, und weil sie in Stress-Situationen und bei schaukelnder Bewegung gelegentlich erbrechen, sollte man einen Findling nicht länger ohne Umhüllung auf dem Schoß oder auf den Autositzen unterbringen. Auch wenn Igelflöhe nicht auf den Menschen gehen, ist der Kofferraum für den Transport besser geeignet als das Wageninnere.
In den meisten Fällen wird man nun entweder einen Tierarzt oder eine Igelstation ansteuern. Viele Tierärzte diagnostizieren und behandeln Wildtierfunde kostenlos oder zum Selbstkostenpreis der Heilmittel. Neben den im Anhang aufgeführten Igelvereinen (Stand Januar 2007) gibt es viele sogenannte »Igelmütter«, die Igel versorgen und überwintern, ohne einem Verein anzugehören.

## Nötige Voraussetzungen für die Igelpflege

Wer sich dazu entscheidet, einen Igel in Pflege zu nehmen, sollte sich zunächst folgende Fragen beantworten:

Man macht sich kaum eine richtige Vorstellung davon, wieviel Bewegung ein Igel braucht, um gesund zu bleiben.

- Habe ich die nötige Sachkenntnis beziehungsweise Erfahrung, um ein krankes oder verletztes Tier gesund zu pflegen? Und bin ich bereit, Geld für Tierarzt und Medikamente auszugeben?
- Habe ich in der Wohnung oder im Keller die nötigen räumlichen Voraussetzungen?
- Habe ich die nötige Zeit oder eine zuverlässige Pflegevertretung? (Nur winterschlafende Igel kann man länger als 1–2 Tage sich selbst überlassen.)
- Habe ich einen geeigneten Garten (einen eigenen oder einen von Bekannten) für die Vorbereitung auf die Auswilderung?

Nur wenn Sie zumindest die ersten 3 Fragen guten Gewissens mit Ja beantworten können, sollten Sie sich auf das Wagnis einlassen, einen Igel in Pflege zu nehmen. Dann, so hoffe ich, können Ihnen die folgenden Ratschläge von Nutzen sein. Zunächst jedoch noch einige allgemeine Bemerkungen.

Das Leben eines Wildtiers erscheint uns oft hart, vielleicht unnötig hart. Von unseren eigenen Bedürfnissen und Gewohnheiten ausgehend, neigen wir dazu, das bequeme Leben in zentralgeheizten Wohnungen, mit Lebensmitteln aus der Tüte und anderen Annehmlichkeiten auch für Wildtiere zum Paradies auf Erden zu erheben. Wir wissen aber von uns selbst, dass eine allzu gemütliche Lebensweise der Gesundheit

durchaus abträglich sein kann. Menschen und Tiere brauchen Bewegung, Abwechslung und eine gesunde Portion Stress.
Die Ansichten darüber, was für ein Tier die optimalen Lebensbedingungen sind, gehen auch bei Fachleuten auseinander. Da Tiere es uns nicht sagen können und vielleicht auch, wie viele Menschen, nicht wissen, was ihnen bekommt und was nicht, kann man nur indirekt darauf schließen, welche Bedingungen die bestmöglichen sind. In Zoos gilt neben der guten körperlichen Verfassung die Fortpflanzung als Beweis artgerechter Haltung und physisch-psychischen Wohlbefindens.

Auf jeden Fall muss ein Igel zunächst gründlich untersucht werden, bevor er in Pflege genommen wird.

Auch die Lebensdauer eines Individuums kann als Maßstab dienen: In Gefangenschaft werden – wie schon gesagt – viele Tiere erheblich älter als in freier Wildbahn, wo den meisten ein relativ früher und meist »gewaltsamer« Tod beschieden ist, sei es durch Feinde, Hunger, Kälte, Krankheiten oder Parasiten. Die Evolution setzt nicht primär auf ein langes individuelles Leben (obwohl es auch das gibt, etwa bei Schildkröten), sondern auf eine vitale Balance zwischen Geburten- und Sterberate mit dem Ziel der Arterhaltung. Entsprechend sollten wir in der Igelpflege nicht unbedingt das menschliche Ideal der Lebensverlängerung um jeden Preis praktizieren.

## Untersuchung und Erste Hilfe

Wer ohne den fachkundigen Rat eines Tierarztes oder Igelhelfers den als hilfsbedürftig erkannten Findling selbst versorgen will, muss ihn zu Hause einer genaueren Untersuchung unterziehen. Oft gibt es ja mehrere Ursachen für einen schlechten Gesundheitszustand. Am besten geht man systematisch nach einer Checkliste vor, in der man auch gleich Datum, Uhrzeit, Fundort und ersten Gesamteindruck notiert:

- Verhalten (reaktionsträge? apathisch? wankender Gang?)
- Alters- und Geschlechtsbestimmung (siehe S. 19, 36, 82)
- Körpergewicht und Ernährungszustand (siehe S. 65)
- Außenparasiten? (Untersuchung aller Körperpartien)
- offene Wunden? Abszesse? Schwellungen?
- Beinbruch? (willenlos schlenkerndes Bein)
- nackte Stellen? (flächiger Ausfall von Borsten oder Haaren)
- Atemgeräusche? Husten?
- eitriges Nasensekret?
- Augen (sie sollten glänzend und »lebhaft« sein)
- Zähne (Untersuchung mit Wattestäbchen)
- Körpertemperatur (der Bauch sollte sich warm anfühlen)
- Kot (er sollte dunkel, fest und weitgehend geruchlos sein)

Werden schwerwiegendere Gesundheitsschäden festgestellt, empfiehlt sich in jedem Fall ein Besuch beim Tierarzt. Lassen sich nur geringere Beeinträchtigungen erkennen (Unterernährung, starker Parasitenbefall, Unterkühlung, kleinere Wunden) sollte man zuerst einmal das genaue Körpergewicht ermitteln, da es erste Rückschlüsse auf den Ernährungs- und allgemeinen Gesundheitszustand eines Findlings erlaubt.

## Körpergewicht

Das Idealgewicht eines erwachsenen Igels kann man mit rund 1000 g angeben. Muss aber sogleich einschränken, dass es da allerlei natürliche Abweichungen und Schwankungen gibt. So sind allgemein die Männchen etwas größer und schwerer als die Weibchen. Im Herbst können Igel mit Winterspeck um 200–300 g mehr auf die Waage bringen als im Sommer. Aus dem Winterschlaf kommende Igel können hingegen bis zu 200 g Untergewicht haben. Trächtige Weibchen sind begreiflicherweise etwas schwerer als gewöhnlich. So schwanken die Gewichte erwachsener Igel je nach Geschlecht, Zustand und Jahreszeit zwischen 800 und 1400 g.
Untergewichtige Igel erkennt man schon an der Körperform (siehe S. 60). Das Absolutgewicht hängt ja auch von der Körpergröße und damit vom Alter ab. Es ist also in je-

Besonders bei Heranwachsenden ist eine ständige Gewichtskontrolle unerlässlich.

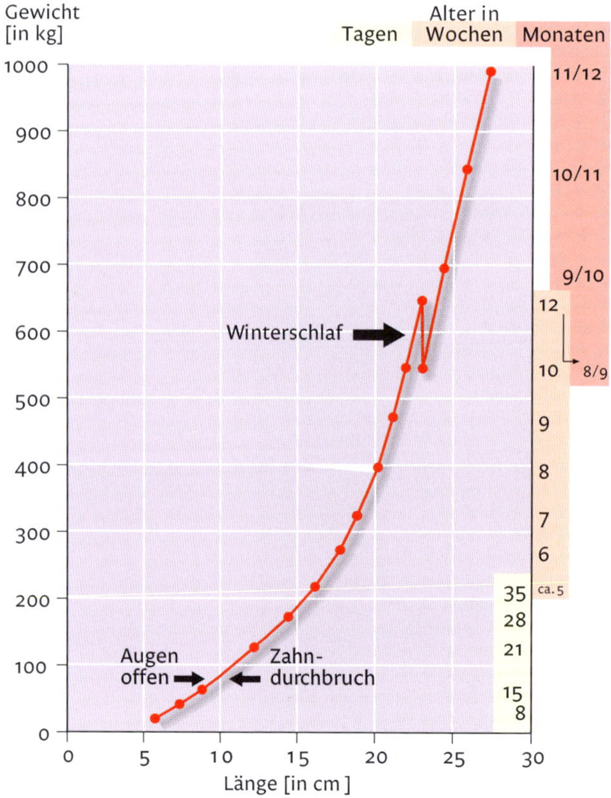


Die Zunahme des Körpergewichts bei Jungigeln ist für deren Aufzucht ein wichtiger Hinweis für eine gesunde Entwicklung. Der »Zacken« in der Kurve bezeichnet die Gewichtsabnahme während des Winterschlafs.

dem Fall zunächst einmal das Alter des Tieres zu ermitteln, um aus dem Gewicht die richtigen Rückschlüsse ziehen zu können (siehe »Altersbestimmung« S. 82).

Übergewichtige Tiere findet man gewöhnlich nur in Gefangenschaft. Man erkennt sie auch an ihren trägen Bewegungen. Ihnen sollte man dringend die Rationen kürzen sowie mehr Auslauf und vielfältigere Raumstrukturen bieten. Unter natürlichen Bedingungen laufen Igel viel herum, auf der Suche nach Nahrung, nach einem Geschlechtspartner oder nach einem neuen Habitat. Und die dabei zurückgelegten Wege sind keine ebenen Parkettböden. Sie müssen sich durch dichte Vegetation zwängen, über Hindernisse klettern und mit ihren Krallen da und dort auch nach Nahrung scharren. Das alles hält sie beweglich und gesund. Eine kleine Auslaufkiste – das sieht jeder ein – ist für einen Igel auf die Dauer auch bei bester Ernährung weniger ein Paradies als ein dick machendes Gefängnis.

## Inspektion der Unterseite

Zur Untersuchung der Körperunterseite muss der Igel seine Abwehrstellung aufgeben. Zu diesem Zweck streichelt man ihm behutsam und ohne den Kopf zu berühren über den Rücken, bis er sich ausrollt. Dann dreht man ihn vorsichtig auf die Seite oder nimmt ihn an den Hinterbeinen und lässt ihn Handstand machen.

Ist der Findling stark verschmutzt, kann man die entsprechenden Körperteile behutsam mit einem feuchten Schwamm, mit feuchten Wattestäbchen oder mit angefeuchteten Küchentüchern aus Papier reinigen. Ein Vollbad, bei dem man handwarmes Wasser vorsichtig über den Rücken gießt, während man mit der anderen Hand den Igel über ein Becken hält, soll-

te in diesem Stadium möglichst vermieden werden, da es den Igel unnötig stresst. Keinesfalls darf man menschliche Hygieneansprüche übertragen.

Nach Abschluss dieser Prozeduren setzen Sie den Igel in seine vorläufige Unterkunft (siehe unten), stellen ihm in einem Blumentopf-Untersetzer etwas ungewürztes Rührei oder etwas Katzen-/Hundefutter aus der Büchse und ein flaches Schüsselchen mit Wasser (keine Milch!) hin und lassen ihn in Ruhe. Wo der Verdacht auf Unterkühlung besteht, legt man ihm eine mit gut handwarmem Wasser gefüllte und mit einem Tuch umwickelte Wärmflasche in seine Behausung.

## Säuberung verschmutzter Igel

Da sich Igel nicht wie Fellträger putzen und lecken können, sind sie oft ziemlich verschmutzt. Sie können damit leben. Es ist vor allem in unserem Interesse, sie von Schmutz und Parasiten zu befreien, wenn wir sie in Pflege nehmen. Bei offenen Wunden sollte aber das Säuberungsbad bis nach dem Abheilen verschoben werden – vielleicht ist es dann auch nicht mehr nötig.

Da Igel wasserscheu sind, halten sie gar nichts von einem Säuberungsbad – es lässt sich bei starker Verschmutzung aber oft nicht vermeiden. Dazu füllen wir ein Waschbecken oder eine niedrige Plastikschüssel mit gut handwarmem Wasser. Auch an der tiefsten Stelle sollte der Patient immer noch stehen und die Nase über Wasser halten können. Durch einen Zusatz von Sebacil (1 ml/l Badewasser) können in der Haut sitzende Milben bekämpft werden.

Setzen Sie nun den Igel – auch wenn er sich heftig wehrt – in das Bad und halten Sie ihn mit einer (behandschuhten) Hand dort fest.

**Igel sind gewohnt, sich in unebenem Gelände zu bewegen – nicht auf Parkettfußböden.**

Zecken kann man mit breiter Pinzette relativ leicht entfernen.

Wählt man ein flüssiges Insektenmittel gegen Parasiten, muss man beim Besprühen den Kopf schützen.

Mit der anderen Hand schöpfen Sie so oft Badewasser über Rücken und Kopf des Tiers, dass es richtig nass wird. Dann bürsten Sie mit einer Spülbürste die stachelige Oberseite und vorsichtig auch die behaarte Unterseite. Nach dem Bad können Sie den Trocknungsprozess dadurch abkürzen, dass Sie den Igel kurz in ein Tuch wickeln; föhnen sollte man ihn nicht.

Da durch das Säuberungsbad nicht alle Außenparasiten verschwinden, muss man später (nachdem sich der Igel von seinem Badeschreck erholt hat) mit der Pinzette noch einmal auf die Jagd gehen.

## Ungezieferbekämpfung

Fast alle Igel haben Zecken und Flöhe, manchmal auch Milben. Sie können, wie gesagt, unter normalen Bedingungen damit leben. Starker Befall kann allerdings entweder die Folge von geschwächter Gesundheit oder deren Ursache sein. Pfleglinge sollte man auf jeden Fall möglichst frei von Außenparasiten halten.

**Zecken:** Da Igelzecken wenig fest sitzen, ist es in der Regel kein Problem, sie mit einer breiten Pinzette tief zu fassen und mit einem Ruck zu entfernen. Verwechseln Sie aber bitte nicht die 10 Zitzen am Bauch und die nabelartige Geschlechtsöffnung des Männchens mit Zecken! Das Abtöten von Zecken mit Öl oder Klebstoff sollte man (wie bei sich selbst) bleiben lassen. Ist der Igel massenhaft von Kleinzecken befallen, empfiehlt sich eine medikamentöse Behandlung durch den Tierarzt oder das Besprühen mit einer physiologischen Kochsalzlösung unter Zusatz von Dectomax (MSD) im Verhältnis 30:1.

**Milben:** Einen Befall mit den schwer zu entdeckenden kleinen graubraunen Milben erkennt man meist an Veränderungen der Haut: Staubig wirkende, schuppige Haut oder schuppige Platten sind meist Zeichen von Milbenbefall oder einer Pilzerkrankung. Das Besprühen

mit Dectomax- oder Sebacil-Lösung hilft gegen die Milben.

**Fliegen:** Fliegeneier und Fliegenmaden weisen entweder auf Wunden oder einen stark geschwächten Gesamtzustand hin. Bei unverletzten Tieren findet man sie bevorzugt in Körperöffnungen und Beinbeugen. Beide Stadien sollte man mit einer Pinzette sofort entfernen.

**Flöhe:** Flöhen kann man den Garaus machen, indem man die Zeitungsunterlage und die Wände der Igelbehausung mit Ungeziefer-Spray für Katzen, Sebacil, Bolfo oder Jacutin N besprüht, bevor der Patient sie bezieht. Bei starkem Befall muss diese Behandlung (ohne Bad) mehrmals wiederholt werden. Gegebenenfalls müssen Rücken und Bauch direkt besprüht werden, wobei aber das Gesicht des Igels mit einem Tuch abgedeckt werden muss.

Flöhe und Milben können mit Insektenpulver bekämpft werden.

## Eine geeignete Unterkunft

Was immer der Grund Ihrer Hilfsaktion war, Igel brauchen ein ruhiges, dunkles, gepolstertes Versteck, in das sie sich tagsüber zurückziehen können. Sie benötigen außerdem einen Mindestauslauf, wo sie Futter aufnehmen und Kot und Urin abgeben können. Bei längerem Aufenthalt sind darüber hinaus ausreichende Bewegungsmöglichkeiten wichtig – von denen im Abschnitt »Zurück in die Freiheit« (S. 84ff.)

Jeder Igel braucht seinen eigenen Auslauf und seine eigene Schlafkiste.

**Die Grafik zeigt, wie eine Igelbehausung mit integriertem Schlafhäuschen aussehen kann.**

die Rede sein wird. Wenn Sie mehrere erwachsene Tiere beherbergen, muss jedes Tier seine eigene Futter- und Schlafkiste haben, da Igel Einzelgänger sind.

Für den Anfang genügt ein kräftiger Karton, der mindestens 40 × 70 cm groß und mindestens 40 cm hoch oder luftdurchlässig abgedeckt ist. Wenn wir die Behausung oben schließen wollen (weil im Raum zu viel Unruhe oder der Igel ein besonders guter Kletterer ist), müssen wir für ausreichende Belüftung (Löcher, Schlitze im oberen Teil) sorgen. Den Boden belegt man am besten mit mehreren Schichten Zeitungspapier, die gut gegen Bodenkälte isolieren und bei Verschmutzung leicht auszuwechseln sind.

Die Igel-Behausung sollte weder an einem zu warmen noch an einem feucht-kalten oder zugigen Ort stehen. Da Igel tagsüber schlafen und geräuschempfindlich sind, gilt es einen Abstell- oder Kellerraum für sie zu finden, wo sie nicht ständig gestört werden. Für Jungtiere oder Patienten im Sommer/Herbst ist ein Raum mit Tageslicht und guter Belüftbarkeit geeignet. Eine Temperatur von 18–20 °C am Boden (!) ist für den sommerlich aktiven Igel optimal. Igelkinder brauchen eine Nesttemperatur von etwa 25 °C (siehe S. 81). Winterschläfer verlangen dagegen Temperaturen von unter 10 °C.

Als Schlafquartier stellen wir einen kleineren Karton (z. B. Schuhkarton) mit seitlichem Einschlupf von 10–12 cm Höhe und Breite in eine Ecke des großen Kartons. Dieses Schlafhäuschen kann man mit weichem, bei Verschmutzung leicht auswechselbarem Küchen- oder Toilettenpapier auslegen.

In die andere Ecke kommt je ein kleines Schälchen (glasierte Untersätze für Blumentöpfe oder Weckglas-Deckel) für Wasser und Futter.

## Die richtige Ernährung

Von Anfang an sollten Igel nicht irgendwelche Essensreste aus der Küche, Milch oder Süßigkeiten bekommen, sondern nur Wasser und artgerechte, d. h. proteinreiche

Nahrung. Das Wasser muss stets frisch und sauber sein.
Wie fast alle Wildtiere nehmen Igel Nahrung nur dann auf, wenn sie sich einigermaßen sicher fühlen. Darum ist es wenig sinnvoll, einen soeben gefundenen und transportierten Igel sofort mit Nahrung zu versorgen. Viel wichtiger ist es, ihm einen Unterschlupf zu bieten, am besten gleich die oben geschilderte provisorische Igelwohnung. Tagsüber wird sich der Neuankömmling ohnehin gleich in seine Schlafschachtel zurückziehen und erst abends Interesse für Nahrung zeigen. Ein flaches Schälchen mit Wasser (keinesfalls Milch) kann man ihm aber auf jeden Fall gleich zu Anfang hinstellen.
Doch was bietet man einem Igel zum Fressen an, wenn man nicht gleich die Möglichkeit hat, die geeignete Nahrung zu besorgen? Wer einen Hund oder eine Katze hat, tut sich leicht, denn das in jedem Supermarkt erhältliche Fertigfutter für Hunde und Katzen, sei es in Büchsen oder als Trockenfutter, eignet sich zumindest als Übergang durchaus auch für Igel. Wichtig ist, dass wir das Futter niemals eiskalt, sondern mindestens mit Zimmertemperatur servieren; von kaltem Futter bekommen Igel leicht Durchfall.
Wer keine fleischfressenden Haustiere besitzt, hat vielleicht für den eigenen Bedarf Fleisch in der Tiefkühltruhe. Wenn es nicht zu fett, nicht gewürzt und nicht geräuchert ist, kann man kleine Portionen (50–100 g pro Tag und Igel) abschneiden, auftauen und in dünne Streifen geschnitten anbieten. Auch ein hart gekochtes, klein geschnittenes Ei oder ein ungewürztes Rührei können den ersten Hunger überbrücken.
Als Standardnahrung empfiehlt sich folgende Mischung: 500 g mageres Hackfleisch, 1–2 Esslöffel Vitamin-Futterkalk, 1 Esslöffel Lein- oder Speiseöl, 1 Handvoll Igeltrockenfutter (Vitakraft) oder Hundeflocken sowie 1 Handvoll grobe, spelzige Futterhaferflocken oder Weizenkleie. Die Masse knetet man gut durch. Dann formt man kleine Klößchen (zu 40–50 g) und friert sie so ein, dass sie nicht aneinander kleben. Die hartgefrorenen Klößchen werden dann in Gefrierbeuteln im Tiefkühlfach aufbewahrt. Von diesem Vorrat entnimmt man jeden Morgen 1 Kugel, die bis zum Abend zimmerwarm ist. Außerdem gibt man Igeltro-

Größte Sauberkeit vor allem beim Futter ist Voraussetzung für die Gesundheit.

Mit einer ausgewogenen Mischung von Lebend- und Trockenfutter bedarf es keiner ausgefallenen Speisepläne.

ckenfutter (von Klaus oder Vitakraft), 10–15 Katzenbrekkies, eine entsprechende Menge Garnelenschrot oder Hundeflocken als Kaunahrung.

Ein weiteres Rezept: 500 g Hühnerklein mit 250 g Karotten in wenig Wasser kochen, beides dann ohne Röhrenknochen durch den Fleischwolf drehen, 1–2 Esslöffel Hafer- oder Hundeflocken untermischen und den Brei portionsweise einfrieren.

Harte Kost ist für gesunde Zähne nötig. Darum sollte man gelegentlich auch rohe Geflügelknochen (Kopf und Hals von Hühnern) anbieten. Wichtig für eine gute Verdauung sind zudem unverdauliche Ballaststoffe, die Igel in der Natur in Form von Insektenchitin oder Verunreinigungen (Sand, Erde, Hölzchen, Gras ...) zu sich nehmen. Garnelenschrot aus der Zoohandlung, zusätzlich zu den Haferspelzen in den Fleischklößchen, ist in kleinen Mengen ein sehr geeigneter Ballaststoff.

Dann und wann kann man auch einige Mehlwürmer oder Maden aus dem Zoo- oder Anglergeschäft auftischen. Im Kühlschrank bleibt diese Lebendnahrung 1-2 Wochen unverändert. (Bei Zimmerwärme verpuppen sich die Larven und werden dann nicht mehr so gerne genommen.) Sie müssen so angeboten werden, dass sie nicht entweichen können und trotzdem für den Igel leicht erreichbar sind; gegebenenfalls muss man die Mehlwürmer oder Fliegenmaden vor dem Verfüttern töten.

Die tägliche Futtermenge richtet sich vor allem nach dem Körpergewicht. Jungigel mit einem Gewicht von 200–300 g bekommen 50 g, erwachsene, um 800–1000 g wiegende Igel erhalten um 80 g Futter/Tag.

Damit die Igel nicht zu faul werden und genügend Bewegung bekommen, sollte man ihnen das abendliche Futter möglichst erst 2–3 Stunden nach dem Erwachen geben. Sie werden dann unruhig herumlaufen und nach Futter suchen.

Jeden Morgen sind Futter- und Wasserschüssel gründlich zu reinigen und die gefüllte Wasserschüssel wieder zurückzugeben. Verstreute Futterreste sind mit dem Kot zu beseitigen.

## Verletzte Igel

Äußere Verletzungen sind in der Regel leicht erkennbar: Blut, Wunden, gebrochene Gliedmaßen lassen sich meist auch ohne genauere Untersuchungen feststellen. Je nach Schwere der Verletzung und je nach eigener Erfahrung geht es mit einem solchen, meist im Straßenverkehr verletzten Igel nach Hause oder zum Tierarzt. Bei sehr schwer verletzten Tieren muss man im Interesse der leidenden Kreatur auch zur Tötung bereit sein. Das ist

ein Fall für den Tierarzt, der sowohl den Befund bestätigen als auch die einschläfernde Spritze verabreichen muss; das Tierschutzgesetz verbietet die Tötung von Wirbeltieren durch nicht dazu befugte Personen. Bei leichten äußeren Verletzungen, zu denen auch ein einfach gebrochener Fuß zählen kann, darf man, im Vertrauen auf die natürlichen Heilprozesse, bei etwas Erfahrung auch ohne Konsultation eines Veterinärs, die Pflege sich wohl zutrauen. Dabei sind folgende erste Schritte erforderlich:

- Tier gründlich untersuchen,
- offene Wunden behandeln,
- Säuberungsbad und Parasitenbekämpfung, sofern die Verletzungen es zulassen (im Zweifelsfall auf später verschieben),
- an einem geeigneten Ort eine Igelwohnung herrichten,
- Wasser anbieten und geeignete Nahrung besorgen.

## Wunden

Klaffende Wunden müssen vom Tierarzt versorgt (genäht) werden. Leichtere Schürf- und Schnittwunden mit warmem Wasser und Wattestäbchen vorsichtig säubern und gegebenenfalls mit Jod desinfizieren.

## Brandwunden

Beim Abbrennen von Reisighaufen oder Böschungen kommen alljährlich zahllose Igel ums Leben – oder man findet sie mit großen Brandwunden noch am Leben. Meist sind die Stacheln geschmolzen und bilden mit der verkohlten Haut eine Platte, die sich oft nach einer Weile von selbst löst. Nach Abtragen des Unterhautfettes durch den Tierarzt wird die Wunde mit reichlich Betaisodona-Lösung oder -Salbe und dann mit einem Brandgel behandelt.

## Brüche

Gebrochene Beine beim Igel zu schienen oder anderweitig zu fixieren ist wegen ihrer geringen Größe und den Kräften beim Einrollen nahezu unmöglich. (Allenfalls kommt eine Nagelung in Frage.) So heilen Gliedmaßenbrüche meist schief, was bei Hinterbeinen nicht tragisch ist, bei Vorderbeinen aber die Be-

**Wenn ein Igel alle viere von sich streckt, so ist das ein Zeichen von Wohlbefinden und reichlich Wärme.**

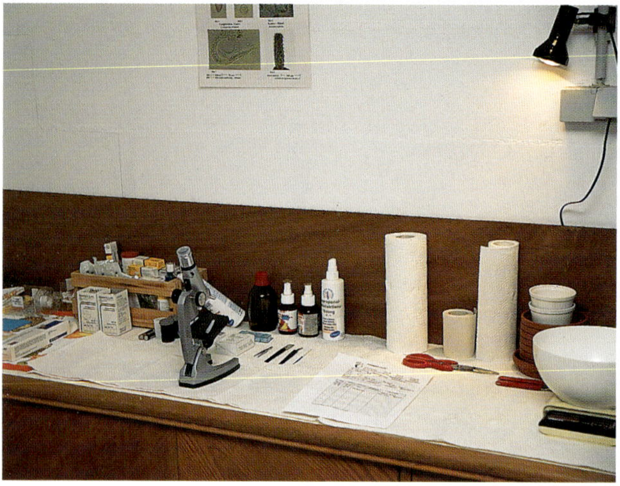

Wer nicht ständig zum Tierarzt laufen will, tut gut daran, sich mit einigen Mitteln zur ersten Hilfe einzudecken und sich entsprechende Kenntnisse anzueignen.

weglichkeit möglicherweise so eingeschränkt, dass man einen solchen Patient kaum wieder auswildern kann.

## Kranke Igel

Die meisten Schmarotzer, bei denen man Endo- und Ektoparasiten unterscheidet, also innen und außen lebende Parasiten, können einem gesunden Igel in der Regel wenig anhaben; sie mögen allenfalls lästig sein. Bei stärkerem Befall (der meist auf einen bereits geschwächten Organismus hinweist) können besonders die Innenparasiten die Gesundheit schwer schädigen oder sogar zum Tod führen.

Wie schon im Abschnitt »Untersuchung und Erste Hilfe« gesagt, zeigen vielerlei Symptome, ob ein Igel gesund oder krank ist. Vor allem ist auf den körperlichen Gesamteindruck und das Verhalten zu achten. Wenn ein Tier sich normal bewegt, mit Appetit frisst und äußerlich keine Schädigungen erkennen lässt, besteht kein Anlass, zum Tierarzt zu gehen oder irgendwelche Kuren zu erproben. Auch hier sind menschliche Maßstäbe meist nicht am Platz.

### Lungenwürmer

Hustende Igel können nur eine leichte Erkältung, aber auch Lungenwürmer haben. Dauert der Husten an, wird er häufiger und wird der Atem rasselnd, nimmt der Appetit ab, tritt eine gewisse Kurzatmigkeit auf oder spuckt das Tier gar Blut, so ist mit ziemlicher Sicherheit ein Befall mit Lungenwürmern anzunehmen. Eine sichere Diagnose ist nur durch eine Kotuntersuchung möglich. Dazu sammelt man den Kot von 2–3 Tagen, verpackt ihn in Alufolie, Frischhaltebeutel oder Filmdöschen und schickt die Probe dann an das nächste Veterinär-Untersuchungsamt (Adresse von Telefonauskunft oder Landratsamt). Auch manche Tierärzte und Igelstationen führen Kotuntersuchungen durch. Geben Sie auf einem Begleitzettel Anschrift, Datum der Kotprobe und Gewicht des Igels an. Die Glieder des Igelbandwurms erkennt man bereits mit bloßen Augen als reiskornähnliche weiße Partikel im Kot. Bestätigt die Untersuchung den

Befund Lungenwürmer können Sie, nach Rücksprache mit dem Tierarzt, Tieren unter 500 g eine halbe Tablette und Tieren über 500 g eine ganze Tablette Telmin KH an 5 aufeinanderfolgenden Tagen pulverisiert unters Futter mischen. Eine andere Möglichkeit: Im Abstand von 2 Tagen eine 1–2 %ige Citarin-L-Lösung (Verdünnung des 10 %igen Medikaments mit destilliertem Wasser) in einer Dosierung von 0,2 ml/100 g Körpergewicht zwischen die Stacheln in die Rückenhaut spritzen.

### Darmparasiten

Neben Lungenparasiten sind Darmparasiten die häufigste Ursache für Igelkrankheiten. Die Symptome einer Darmerkrankung sind fast immer Durchfall. Auch hier muss eine Kotuntersuchung (S. 74) Gewissheit über die Art der Erkrankung bringen. Neben Darmhaarwürmern *(Capillaria)* und Darmsaugwürmern *(Brachylaemus)* sind häufig Kokzidien (etwa *Isospora*) die Ursache; auch bakterielle Infektionen sind möglich.
Kokzidien sind mikroskopische Einzeller, die bei starkem Befall auch blutige Durchfälle verursachen. Da sich die Igel immer wieder am eigenen Kot infizieren, ist größte Sauberkeit geboten. Zur Behandlung wird Cotrim-K-Saft (1 ml/kg Körpergewicht 5 Tage oral, 5 Tage Pause und wieder 5 Tage oral) empfohlen; auch Paraxin- oder Entero-Sediv-Granulat haben sich bewährt. Die Behandlung mit Cotrim-K-Saft wird auch bei Bandwurmbefall und Infektionen der Atemwege eingesetzt.
Darmwürmer, bei denen ebenfalls die Gefahr der Selbstansteckung durch Aufnahme von Kot besteht, werden ähnlich wie Lungenwürmer mit Telmin-KH oder Citarin-L behandelt. Darm- und Lungen-Haarwürmer können auch mit 5 %igem Flubenol-Pulver (5 Tage oral 1–2g/Tag) verabreicht werden. Bei Darmsaugwürmern verabreicht man einmalig 1/4 Tablette Droncit.
Durchfälle, die nicht auf Würmer oder Kokzidien zurückgehen, lassen sich mit Enteroteknosal-Pulver und einer Schlämmkreide- oder erhöhten Futterkalkzugabe zum Futter über mehrere Tage bekämpfen. Siehe auch »bakterielle Infektionen« (S. 87) und weitere Hinweise zur Behandlung im »Pflegeberater in Stichworten«. Wo Sie sich selbst überfordert fühlen, müssen Sie den Tierarzt oder Igelpfleger aufsuchen.

**Kranke Igel gehören auf jeden Fall zum Tierarzt oder in die Hände von Spezialisten.**

## Bedingungen fürs Überwintern

In Mitteleuropa pflegen Igel von Oktober/November bis März/April ihren Winterschlaf zu halten. Wie eingangs schon gesagt, unterschei-

Kleine Igel haben im Spätherbst geringe Chancen, den Winter ohne Hilfe zu überstehen.

den sich echte Winterschläfer wie Igel und Siebenschläfer von Tieren, die nur Winterruhe halten, dadurch, dass sie keine Nahrungsvorräte anlegen und im Normalfall während des gesamten Winters keine Nahrung zu sich nehmen. Obwohl der Stoffwechsel während des Winterschlafs stark reduziert ist, müssen die lebenswichtigen Funktionen natürlich weiterhin aufrechterhalten bleiben. Die Energie dazu beziehen Winterschläfer aus den zumeist aus Fett bestehenden Depots, die sie zuvor durch kräftige Mahlzeiten ansammeln konnten. Wir können diese »Vorratshaltung« beim Igel durch eine Gewichtszunahme von 200–400 g innerhalb weniger Wochen vor Beginn des Winterschlafs registrieren.

Grundsätzlich ist es durchaus möglich, in Pflege genommene Igel auch ohne wirklichen Winterschlaf gesund durch den Winter zu bringen. Da der Winterschlaf aber keineswegs nur durch Nahrungsmangel, sinkende Temperaturen und kurze Tage ausgelöst wird (Faktoren, die im Haus ausgeschaltet werden können), sondern auch durch innere Faktoren wie Fettreserven und hormonelle Umstellungen im Zusammenspiel mit einer inneren Uhr, empfiehlt es sich, auch in Pflege genommenen Igeln die Bedingungen für einen – wenn auch vielleicht verkürzten – Winterschlaf zu bieten.

In der Regel haben wir es mit 3 verschiedenen Arten von problematischen »Winterigeln« zu tun:

- Patienten aus dem Sommer, die bis zum Herbst noch nicht wieder ausgesetzt werden konnten,
- spät geborene Jungigel oder Unterernährte, die bei Wintereinbruch noch nicht das erforderliche Winterschlafgewicht von mindestens 500 g haben, und
- zu früh aus dem Winterschlaf Erwachte, die im Februar/März noch keine Nahrung finden.

Für alle 3 Gruppen ist ihr Körpergewicht ein wichtiges Indiz dafür,

ob sie Winterschlaf halten wollen/können oder nicht. Ohne Fettreserve ist Winterschlaf nicht möglich. Je größer/älter ein Igel, desto mehr Fett speichert er – nicht nur absolut, sondern auch prozentual. Jungigel von 250 g Körpergewicht gehen mit nur 14 % (etwa 35 g) Fett in den Winterschlaf, 1200-g-Igel dagegen mit 25 % (= 300 g). Sommerpatienten, die im Herbst 1000 g und mehr wiegen, sind reif für den Winterschlaf. Alle Untergewichtigen müssen sich erst einmal die nötigen Reserven zulegen, bevor sie wintermüde werden.

Ein Kapitel für sich sind die wegen mangelnder Reserven oder durch Störung zu früh Erwachten; sie müssen behutsam an die Nahrungsaufnahme gewöhnt, also nicht für den Winterschlaf vorbereitet, sondern vom Winterschlaf entwöhnt werden.

Ein entscheidender Auslöser des Winterschlafs ist die Umgebungstemperatur. Bei Temperaturen unter 15 °C fallen Igel im Herbst leicht in Winterschlaf, auch dann, wenn sie das nötige Gewicht dazu noch nicht haben. Das kann gefährlich werden. Darum sollte man Untergewichtige bei 18–20 °C halten, bis sie fett genug sind. Oder man stellt ihnen Wasser und eine Schale mit Trockenfutter in ihre Behausung, sodass sie zu fressen haben, wenn sie wegen verbrauchter Reserven aufwachen. Raumtemperatur und Körpergewicht müssen wir also besonders im Auge behalten.

Normalgewichtige Igel beginnen schon bei Raumtemperaturen um 20 °C ihren Winterschlaf – oder auch nicht. In beiden Fällen empfiehlt es sich, sie in einen Raum zu bringen, der möglichst unter 10 °C kühl ist. Wenn das Schlafnest gut gepolstert ist, können auch kräftige Minusgrade ertragen werden. In freier Natur können ja die Temperaturen selbst unter einem ordentlichen Reisighaufen ebenfalls weit unter den Gefrierpunkt sinken. Temperaturen zwischen 12° und 16 °C sind im Winter gefährlich, weil die Tiere dann zu leicht aufwachen, aber keinen rechten Appetit entwickeln, um ihrem erhöhten Stoffwechsel die nötige Energie zuzuführen.

Ob und wann ein Igel winterschläfrig wird, erkennt man an verschiedenen Symptomen. Zum einen verweigert er einige Tage vorher

**Manchmal genügt der Schutz eines Baumes, um ein Winternest genügend trocken zu halten.**

Verschiedene Symptome weisen auf Winterschläfrigkeit eines Igels hin.

jede Nahrungsaufnahme. Das hat einen guten Grund: Da während des Winterschlafs alle Stoffwechselvorgänge, also auch die Verdauung, bis fast auf Null heruntergefahren werden und gleichzeitig eine Entleerung von Darm und Blase nicht möglich ist, würden Nahrungsreste im Verdauungstrakt zu faulen beginnen.

Ein zweites Indiz dafür, dass sich ein Igel in Kürze zum Winterschlaf zurückziehen wird, kann ein torkelnder Gang sein, bei dem das Tier vielleicht sogar dann und wann zur Seite kippt. Da solches Verhalten aber auch auf eine Erkrankung schließen lassen kann, sollte man den Igel (und vor allem seinen Kot!) genau beobachten.

Im Spätwinter herumirrende, zu früh aus dem Winterschlaf erwachte Igel sind in freier Natur ziemlich sichere Todeskandidaten. Wenn wir sie in Pflege nehmen, müssen wir bedenken, dass ihr Organismus auf Fasten und niedrige Temperaturen eingestellt ist. Wenn möglich sollte man einen solchen Pflegling 1–2 Tage bei einer Umgebungstemperatur von etwa 15 °C halten und nur mit Wasser und Trockenfutter versorgen. Erst dann ist mäßige Zimmertemperatur und normales Futter angesagt. Zunächst sollten aber nur halbe Portionen gegeben werden, die man über 4–5 Tage auf Normalportionen (etwa 50–70 g pro Tag) steigert. Hierbei sollte man den Kot der Tiere beobachten. Ist er weich, ist die Futterration zu verringern und statt Wasser kalter Kamillentee anzubieten. Bei länger anhaltendem Durchfall ist der Tierarzt zu konsultieren.

## Versorgung während des Winterschlafs

Als echte Winterschläfer brauchen Igel während des Winterschlafs weder Nahrung noch Flüssigkeit. Eingerollt in ihrem Winternest, sind alle Körperfunktionen auf ein Minimum reduziert, und ihr Lebensflämmchen wird nur von den Fettreserven genährt. Das heißt aber nicht, dass die Tiere völlig von Umwelteinflüssen abgeschottet wären. Massive Störungen und plötzliche Wärmeeinbrüche können sie aus ihrem Tiefschlaf ebenso aufwecken wie der vorzeitige Verbrauch ihrer Körperreserven. Für solche Fälle müssen wir bei Winterpfleglingen vorsorgen.

Von besonderer Bedeutung für einen möglichst ungestörten Winterschlaf sind Ort und Beschaffenheit der Winterbehausung. Eine belebte Wohnung ist kein guter Platz für winterschlafende Igel; sie ist zu warm und zu geräuschvoll. Ein kühler, möglichst trockener Keller eignet sich hingegen sehr gut. Als Behausung verwenden wir die auf S. 70. beschriebene Kombination eines großen und eines kleinen

Kartons – was allerdings voraussetzt, dass der Keller wirklich trocken ist. Auch muss zumindest die große Schachtel aus sehr kräftigem Karton sein. Die kleine, als Schlafstätte dienende Schachtel sollte für den Winterschlaf etwas geräumiger sein als ein Schuhkarton, damit genügend zerknüllte Zeitungen darin Platz haben, aus denen sich der Igel sein Winternest baut.

Wer will, kann ihm auch natürlichere Materialien zum Bau des Winternestes anbieten: nicht zu grobes Heu, völlig trockenes Laub oder dergleichen. In der Natur tragen Igel gewöhnlich trockenes Herbstlaub ein und schaffen sich durch wiederholtes Drehen eine kleine runde Höhle aus schuppenartig dicht gepackten Blättern. Ein Nachteil gegenüber Zeitungspapier oder Küchentüchern: Man kann verschmutztes Nestmaterial nicht so leicht erkennen und auswechseln.

Besteht die Gefahr, dass am Winterstandplatz die Temperaturen stark unter den Gefrierpunkt absinken, sollte man vorsichtshalber zwei ineinandergesteckte Schachteln als Winternest anbieten, zwischen deren Wänden genügend Platz für eine Isolierschicht aus zerknüllten Zeitungen besteht.

Bei aller Sorge um genügend Isolierung darf man nicht die nötige Belüftung vernachlässigen. Wenn auch die Atemtätigkeit stark reduziert ist, so braucht der Igel dennoch ausreichend Sauerstoff, und die mit Kohlendioxid und Wasserdampf angereicherte »Abluft« muss entweichen können. Darum schließen wir die Schachteln oben nur locker oder bringen oben und seitlich unten Luftlöcher an.

Winterquartiere im Garten entsprechen eher den natürlichen Bedingungen als solche im Keller.

Ob man als Igelbehausung lieber Kartons oder Holzkisten verwendet, hängt davon ab, wie oft und wie lange man sie braucht. Holzkisten sind zwar haltbarer, aber schwierig zu säubern. Kartons bekommt man in jedem Supermarkt in allen Größen, sodass man sich jederzeit einen neuen besorgen kann, wenn der alte verschmutzt oder kaputt ist.

Nun mag man sich fragen, wozu denn beim winterschlafenden Igel die große Kiste überhaupt nötig ist, wo doch der Igel die ganze Zeit in der kleinen Schachtel verschläft. Für den Fall, dass der Schläfer doch einmal aus einem der genannten

Gründe vorzeitig (das heißt vor etwa Mitte März) erwacht, muss er die Möglichkeit haben, außerhalb des Nestes Kot und Urin abzusetzen und bei Bedarf Nahrung und Wasser zu sich zu nehmen.
Darum stellen wir ihm in die Auslaufschachtel je ein Schälchen mit Trockenfutter und Wasser. Als Trockenfutter genügen einige Katzenbrekkies oder Hundeflocken. Futter und Wasser sollten 2–3-mal wöchentlich kontrolliert werden, was sehr schonend zu geschehen hat, damit der Igel nicht aus dem Schlaf aufgeschreckt wird. Wenn das Futter verschwunden ist, muss man abends kontrollieren, ob der Igel seinen Winterschlaf beendet oder nur kurz unterbrochen hat.

**Igel können vorzeitig aus dem Winterschlaf erwachen. Dafür muss man vorsorgen.**

Eine einfache Methode, die nächtlichen Aktivitäten des Igels zu kontrollieren, ohne ständig nachzuschauen, besteht darin, ein dünnes Papier (z. B. Klopapier) mit Klebstreifen vor den Einschlupf zu seiner Schlafstube zu kleben. Beim Verlassen seines Nestes zerreißt er das Papier. Wenn er in mehreren Nächten herumläuft, Futter nimmt und Störursachen nicht feststellbar sind, dann sollten wir ihn mitsamt seiner Wohnung an einen wärmeren Ort bringen und ihm auch größere Auslaufmöglichkeiten bieten, bis man ihn – wenn er gesund und der Winter vorbei ist – wieder in die Freiheit entlässt.

## Invalide Dauerpfleglinge

Durch falsche Ernährung, Vitaminmangel und/oder zu wenig Bewegung kann es vor allem bei Igeln in Gefangenschaft zu dauerhaften Schäden kommen: zu teilweiser oder vollständiger Lähmung sowie zu teilweisem oder vollständigem Verlust der Stacheln. Zu den dauerhaften Invaliden muss man auch solche Igel rechnen, die erblindet sind, ihren Geruchssinn verloren haben, keine Krallen mehr besitzen (zumindest an den Vorderpfoten), durch falsch verheilte Brüche oder Verlust von (vorderen) Gliedmaßen schwer hinken oder andere Behinderungen zeigen. Sie sind den Anforderungen des Freilandlebens nicht mehr gewachsen und brauchen dauernde Hilfe.
Im Sommer sollten solche Invaliden einen wind- und wetterfesten Unterschlupf in einem möglichst großen Freigehege bekommen (mindestens 4–5 m²). Ein Holzkistchen von etwa der Größe einer Schuhschachtel mit einem Einschlupf von 12 × 12 cm, innen mit zerknülltem, saugfähigem Zeitungspapier ausgestattet und an einem versteckten, regen- und windgeschützten Platz (unterm Hausdach, in einem offenen Schuppen ...) untergebracht, ist ein geeigneter Schlafplatz.
Da der behinderte Igel selbst in einem großen Freigehege nicht genügend Futter finden wird (wenn überhaupt), muss man ihn täglich

mit dem auf S. 70 ff. beschriebenen Futter und frischem Wasser versorgen. Damit sich daran nicht Katzen, Hunde, Marder, Mäuse und andere Tiere gütlich tun, muss das Futter in einem Futterhäuschen angeboten werden, das nur durch den Igeleinschlupf von 12 × 12 cm zu erreichen ist. Futter- und Schlafkiste können kombiniert werden (S. 70), oder das Futterhaus kann separat stehen. Beide Kisten müssen mit abnehmbarem Dach versehen sein, damit man sie jederzeit leicht reinigen kann.

Der Auslauf im Garten sollte so groß und abwechslungsreich wie möglich sein, muss aber mit 50 cm breitem, punktgeschweißtem verzinktem Maschendraht, der 15–20 cm tief in den Boden eingelassen wird, ausbruchsicher gemacht werden, da ja ein Entkommen den sicheren Tod bedeuten würde.

Im Winter nimmt man den Patienten am besten ins Haus und überwintert ihn in der beschriebenen Weise (S. 75 ff.).

## Aufzucht mutterloser Jungigel

Die Aufzucht mutterloser Igel ist nicht einfach. Sie erfordert viel Zeit und Geduld und das richtige Knowhow.

Verwaiste Igel sind vielfach unterkühlt, wenn man sie findet. Bevor sie nicht aufgewärmt sind, hat es wenig Sinn, ihnen Futter anzubieten. Darum richten Sie als Erstes eine etwa 30 cm hohe Schachtel oder ein Körbchen von etwa Schuhkarton-Größe als Nest her. Eine dicke Schicht Zeitungen zuunterst isoliert und saugt Feuchtigkeit auf.

Nun müssen Sie im Nest für eine Mindesttemperatur von 25 °C sorgen. Gut geeignet dafür sind Rotlicht- oder Infrarotlampen. Man kann aber auch eine normale Glühbirne (25–40 Watt) im Abstand von 25–30 cm über das mit einem Tuch bedeckte Nest hängen. Solche Wärmequellen haben aber den Nachteil, dass die Tiere nicht zwischen verschiedenen Temperaturen wählen und den jeweils optimalen Temperaturbereich aufsuchen können. Um Überhitzungen zu vermei-

Hygienischer als Korb und Handtuch sind Karton und Küchentücher, weil man sie jederzeit auswechseln kann.

den, muss man immer wieder die Temperatur kontrollieren.
Eine mit gut handwarmem Wasser gefüllte und mit einem Tuch umwickelte Wärmflasche hat den Vorteil, dass die Igelbabys zwischen verschiedenen Temperaturen wählen können, wenn ihr Nest größer als die Wärmflasche ist. Auch kann es weder zu einer Überhitzung noch zur Austrocknung kommen. Der Nachteil dieser Methode ist, dass man alle 1–2 Stunden das Wasser wechseln muss. Elektrische Heizkissen sind meist zu heiß. Die kleinen Igel deckt man dann locker mit einem Tuch zu. Bei Erwärmung durch Bestrahlung muss in Abständen immer wieder die Temperatur im Nest gemessen werden, sie sollte auf keinen Fall über 30 °C ansteigen. (Für alle Fälle sollten Sie den kleinen Igeln eine Fluchtmöglichkeit geben, eine mit Klopapier locker verklebte seitliche Öffnung im Karton oder einen »schattigen« Unterschlupf.)

**Speziell die Pflege von Igelbabys erfordert einen hohen Einsatz an Zeit und großes Fachwissen.**

## Altersbestimmung

Für die Aufzucht von Igelbabys ist die Altersbestimmung von grundlegender Bedeutung. Das Körpergewicht (S. 65 f.) spielt dabei zwar eine wichtige, aber nicht immer zuverlässige Rolle, da es nicht nur vom Entwicklungs- sondern auch vom Ernährungszustand abhängt.
Bei der Geburt wiegen Igel 12–25 g, haben weiße Stacheln, noch keine Haare und Zähne, ihre Augen und Ohren sind noch geschlossen. Einwöchige wiegen bei normaler Ernährung 30–50 g, einzelne Stacheln werden dunkel. Zweiwöchige wiegen 60–80 g, die anfangs rosa Haut wird grau, alle Stacheln werden dunkel, das Fell beginnt zu sprießen, Augen und Ohren öffnen sich. Dreiwöchige Igel wiegen 100–130 g, und die Zähne erscheinen. Mit 4 Wochen und 140–180 g Gewicht ist ihr Gebiss vollständig, sodass sie neben Milch auch schon feste Nahrung aufnehmen und herumlaufen können.
Zur Altersbestimmung selbstständiger Igel siehe auch »Wie alt werden Igel?« (S. 36).

## Babynahrung

Die Milch von Igelmüttern enthält 25 % Fett und 16 % Eiweiß und ist damit wesentlich gehaltvoller als Kuhmilch mit 3–5 % Fett und 3–4 % Protein. Dafür ist der Zuckergehalt der Igelmilch minimal im Vergleich zu Kuhmilch.
Die meisten Ersatzmilchprodukte sind wegen ihres zu hohen Zuckergehalts für Igelsäuglinge ungeeignet. Als bekömmlich selbst für sehr kleine Igelbabys hat sich die für Hundewelpen konzipierte Ersatzmilch Esbilac erwiesen. 100 g des Pulvers enthalten 40 g Fett und 33 g Eiweiß. Man bekommt sie allerdings nur über den Tierarzt.

Auch Milupa-Heilnahrung hat sich als Igelersatzmilch bewährt.
Am besten rührt man das Pulver nach Gebrauchsanweisung mit abgekühltem, ungesüßtem Fencheltee an – im Verhältnis von 1:2 Volumenanteilen. Zuerst in der flüssigeren, nach dem Öffnen der Augen in der konzentrierteren Form. Eine Zugabe von etwas Futterkalk oder Schlämmkreide beugt Verdauungsproblemen und Mangelerscheinungen vor.
Als Babyflasche dient eine Glaspipette mit Gummidrücker, wie sie für Medizinflaschen verwendet wird, oder eine Einwegspritze ohne Nadel. Auch eine Katzen-Milchflasche ist geeignet. Am besten nimmt man den kleinen Igel rücklings in die eine Hand und gibt ihm mit der anderen Hand die Pipette oder Flasche. Den Nachschub muss man so dosieren, dass sich das Baby nicht verschluckt und doch genug bekommt.
Wenn es aufhört zu saugen (einschläft), hat es genug. Dann muss man mit einem weichen Pinsel oder dem Finger noch das machen, was die Igelmutter mit ihrer Zunge nach dem Säugen macht: Bauch und After behutsam massieren, damit die Verdauung in Gang kommt. Die Ausscheidungen nimmt man mit einem Papiertaschentuch ab. Die ganze Aktion muss am Tag alle 2 Stunden, nachts alle 4 Stunden wiederholt werden.
Täglich muss bei Igelkindern das Gewicht kontrolliert werden. Anfangs sollten sie im Durchschnitt etwa 5 g/Tag, später etwa 10 g/Tag zunehmen. Bis zu einem Körpergewicht von etwa 100 g gibt man die Flasche anfangs in 8–10, später in 5–6 über 24 Stunden verteilten Mahlzeiten. Ein Baby von 50–60 g Gewicht trinkt pro Mahlzeit etwa 2 ml Ersatzmilch, in 24 Stunden ungefähr 14 ml.
Sobald die Igelkinder etwa 3 Wochen alt sind (sie wiegen nun 100–120 g und die ersten Zähne zeigen sich), bekommen sie statt der Esbilac-Milch Hills Prescription Diet a/d oder Royal Canin 1st Age Milk (über den Tierarzt). Auch etwas frische Sahne kann der Futterschale zugegeben werden, wenn der Kot fest ist. Nun kann man auch Hackfleisch oder entsprechend zerkleinertes rohes Hühnerfleisch zufüt-

**Katzen-Milchflasche oder Glaspipette sind geeignet, Igelsäuglinge zu füttern.**

tern. Auch Mehlwürmer und kleine Stückchen Katzentrockenfutter sind angesagt. Mehr und mehr feste Nahrung ersetzt dann den Brei, sodass die Jungen spätestens im Alter von 5 Wochen (bei einem Körpergewicht von 150–200 g) ganz auf Erwachsenenkost gesetzt werden können.

Da verwaiste Igelbabys meist im halben Dutzend gefunden werden, erscheint es sinnvoll, sie individuell zu markieren. Dazu färbt man einige Stacheln an verschiedenen Körperstellen mit einem Tropfen gut haftender Farbe (z. B. Nagellack). Entwicklungsstörungen bei einzelnen Igelkindern können so besser verfolgt werden. Am besten erhält auch jedes einzelne Kind einen eigenen Protokollbogen, in dem täglich Gewicht, Fütterungszeitpunkt und -menge, Allgemeinzustand, Entwicklungszustand (Augen, Zähne) etc. eingetragen werden.

Bei einem Gewicht von 300–400 g sollten die Igeljungen zur Akklimatisierung in ein Freigehege umgesiedelt werden (siehe S. 80f.). Nach weiteren 2 Wochen kann man sie in der Nähe ihres Fundortes oder an einem anderen geeigneten Ort freilassen.

## Zurück in die Freiheit

Das Ziel jeglicher Igelhaltung ist die Wiederherstellung von Gesundheit und natürlicher Lebensführung innerhalb seiner Population. Am Ende aller Fürsorge und Freude an dem zutraulich gewordenen Hausgenossen steht also immer die Auswilderung.

Igel, die bereits Erfahrung mit den Mühen der Nahrungssuche in freier Wildbahn hatten, können im Allgemeinen problemlos ausgewildert werden. Da es sich bei ihnen meist

Für Igelkinder gibt es spezielle »Heilnahrung«; ein Brei aus Zwieback und Fencheltee ist Übergangsnahrung.

um Verletzte oder um untergewichtige Herbstigel handelt, spielen da nur Zeitpunkt und Ort der Auswilderung eine Rolle. Geheilte Patienten sollte man nur bis Anfang September noch im gleichen Jahr wieder aussetzen, damit sie noch genügend Zeit haben, sich Winterspeck anzufressen und ein geeignetes Winterversteck zu suchen. Wenn ihr Gesundheitszustand im September noch zweifelhaft ist, überwindet man sie lieber im Keller.

Als Ort der Auswilderung sollte möglichst der Fundort gewählt werden. Falls das nicht möglich ist, muss ein igelfreundliches Gelände gesucht werden, wie es in der Einleitung beschrieben wurde. Die Randbereiche von Dörfern oder etwas »rückständige« Bauernhöfe sind in der Regel gute Igel-Lebensräume. Dort bringt man den Igel möglichst abends hin, sucht einen Unterschlupf für ihn und richtet ihm ein provisorisches Nest aus Heu oder Wintergras. Etwas ausgelegtes Futter erleichtert ihm den Start in die Selbstständigkeit.

Überwinterte Igel geben wir dann der Natur zurück, wenn der Frühling richtig Einzug gehalten hat. Je nach Gegend und Jahr kann das zwischen Ende März und Anfang Mai sein.

Komplizierter ist das Auswildern von Igeln, die als Säuglinge in unsere Obhut kamen. Sie haben ja nie gelernt, natürliche Nahrung unter natürlichen Bedingungen zu suchen.

Nach längerem Pflegeaufenthalt muss der Igel erst wieder an das Leben in freier Wildbahn gewöhnt werden.

Außerdem sind sie es nicht gewöhnt, größere Strecken in unebenem Gelände zurückzulegen, ihre Muskeln sind oft nicht ausreichend trainiert. Bevor wir sie aussetzen, müssen wir sie in einem Freigehege entwöhnen und trainieren.

Am unproblematischsten ist der Übergang vom Haustier zum Wildtier, wenn der Hausgarten und seine Umgebung als Igelrevier in Frage kommt. Dann stellt man die Igelbehausung auf die Terrasse oder an einen anderen geeigneten Platz im Garten, sodass das Tier sich jederzeit frei bewegen, aber auch wieder zurückziehen kann. Die Futterrationen werden immer mehr reduziert, bis die Fütterung nach 1–2 Wochen ganz eingestellt wird. Zusätzlich kann man Mehlwürmer und andere Nahrung im Gras oder unter Gebüsch ausstreu-

Igelverstecke gibt es auch im Handel, einfachere Unterschlüpfe tun es aber ebenso.

en, sodass ein Anreiz besteht, nicht nur im Futterschälchen nach Nahrung zu suchen.

Ob und wann man die Igelbehausung aus dem Verkehr zieht, hängt davon ab, ob und wie lange der Igel sie noch benützt und ob und wie lange wir ihn an Haus und Garten binden möchten. Grundsätzlich spricht nichts dagegen, wenn die alte Igelwohnung eines Tages auch zur Kinderstube wird.

Wo der Igel nicht in der Nähe des Hauses bleiben kann (weil hier schon ein anderer Igel auf die Jagd geht oder weil Garten und Umgebung nicht igelgeeignet sind), muss man den ganzen Garten oder einen Teil davon so einzäunen, dass der Auswilderungskandidat genügend Gelegenheit hat, sich mit Natur vertraut zu machen, ohne ihren Gefahren zum Opfer zu fallen.

Sollte der eigene Garten nicht genügend Möglichkeiten bieten, auch die entsprechenden Nahrungstiere zu finden (Käfer, Würmer, Schnecken, Asseln ...), muss man bei Bekannten nach solchen Bedingungen für ein Trainingsgelände suchen. Zur Not kann man den Igel auch ohne Training an einem Ort mit besten Lebensbedingungen aussetzen, wenn man mindestens 1 Woche jeden Abend zusätzliches Futter auslegt. Neugier und Instinkte der Igel sind so kräftig entwickelt, dass sie auch ohne Freilanderfahrung meist rasch Nahrung und Unterschlupf finden.

# Pflegeratgeber in Stichworten (alphabetisch)

Alle Medikamente sind rezeptpflichtig und dürfen nur in Absprache mit dem Tierarzt verabreicht werden. Größere Mengen kann man teilweise kostengünstiger auch bei Online-Apotheken ordern.

**Appetitlosigkeit:** Alle 3 Tage eine Injektion von 0,5–0,8 ml (bei Jungtieren 0,2–0,3 ml) Catosal (org. Phosphorverbindung mit Vitamin-B12) unter die Haut (→ Injektion). Siehe auch → Futterverweigerung sowie → Darm- und → Lungenparasiten.

**Aufrollen:** Zur Untersuchung eines zur Kugel eingerollten Igels nimmt man ihn (mit Handschuhen) vorsichtig von beiden Seiten und biegt mit sanfter Gewalt die Bauchseite auf oder erreicht durch Streicheln der Rückenstacheln eine Entspannung.

**Augenerkrankungen:** Treten oft als Folge eines akuten Vitamin-A-Mangels in der Ernährung auf. Häufig sind auch Linsentrübungen. Behandlung durch den Tierarzt.

**Auslauf:** Minimumauslauf ist die 40 × 70 cm große Futterkiste. Darüber hinaus brauchen Igel im Winter, sofern sie nicht schlafen, ein Gatter von mindestens 2 × 3 m oder freien Auslauf in einem ruhigen tageshellen Raum (siehe auch → Freigehege).

**Auswildern:** Nach Training im → Freigehege in geeignetem Lebensraum aussetzen und noch einige Tage mit Futter versorgen.

**Babynahrung:** Mit Fencheltee angemachtes Esbilac oder Welpilac oder Milupa-Heilnahrung; ab 100 g Körpergewicht Fleischzusätze (S. 82 ff.).

**Bakterielle Infektionen:** Bei Infekten der Atemwege und des Verdauungssystems (Diagnose durch den Tierarzt) empfiehlt sich Cotrim-K-Saft, 5 Tage 1 ml/kg Körpergewicht oral oder Baytril 2,5 % 3–5 Tage 0,5 ml/kg subkutan injiziert.

**Behausung:** Futterkiste etwa 40 × 70 cm groß und 40 cm hoch, Schlafkiste etwa 35 × 25 cm groß und 20–25 cm hoch; beides mit Zeitungen ausgelegt (S. 69 f.).

**Bespeicheln:** Mit zurückgeworfenem Kopf werfen Igel gelegentlich schaumigen Speichel auf ihren Rücken, meist als Folge starker Gerüche oder eines kräftigen Geschmacks. Das Bespeicheln dient offenbar der Reinigung der Geruchsorgane und ist normal und nicht mit → Erbrechen zu verwechseln.

**Brandwunden:** Behandlung mit Betaisodona-Lösung oder -Salbe oder mit Brandgel (S. 73).

**Darmparasiten:** Bei Magerkeit, Appetitlosigkeit, weichem Kot, chronischem Durchfall, Herumschleichen und Torkeln besteht Verdacht auf Darmparasiten. Bestätigung durch → Kotuntersuchung, Behandlung von Darmhaar- und Darmsaug-Würmern mit Citarin-L, Telmin-KH oder Mebenvet; Behandlung von Kokzidien mit Cotrim-K-Saft (1 ml/kg

Von sich aus rollt sich ein Igel niemals ein und dreht sich auf den Rücken.

Körpergewicht 5 Tage oral, 5 Tage Pause und wieder 5 Tage oral); auch verträgliche Sulfonamide (z. B. Paraxin) haben sich bewährt (S. 75).

**Durchfall:** Tritt anfangs häufig und als Folge von Kuhmilchgenuss fast immer auf. Behandlung mit Schlämmkreide, zerriebener Tierkohle oder Futterkalk, dem Futter zugesetzt. Kann auch die Folge von ➜ Darm- oder ➜ Lungenparasiten bzw. ➜ bakterieller Infektionen sein.

**Erbrechen:** Bei Aufregung oder starkem Schaukeln (Herumtragen) erbrechen Igel leicht; es ist bedeutungslos (➜ Bespeicheln).

**Fliegeneier und -maden:** Treten gelegentlich an offenen Wunden auf. Meist unschädlich oder nützlich, da nicht zu viele Maden verschmutzte und eiternde Wunden reinigen. Wenn sie in den Ohren sitzen, müssen sie mit 30 %igem Alkohol oder 3 %iger Wasserstoffsuperoxidlösung oder einer Betaisodona-Lösung zum Herauskriechen veranlasst und mit der Pinzette abgesammelt werden (➜ Wunden).

**Flöhe:** Durch Besprühen der Unterlagen mit Ungezieferspray für Katzen, mit Pluridox-Puder, Pyrethrum-Präparaten, Sebacil oder Jacutin-N-Spray bekämpfen (➜ Säuberung). Das Auftropfen des systemischen Insektizids Tiguvon 10 % auf die Rückenhaut (1 Tropfen je 100 g Körpergewicht) führt zur völligen Abtötung aller Flöhe innerhalb von 24 Stunden; die Wirkung hält 4 Wochen an.

**Freigehege:** Im Sommer und vor dem Auswildern wird ein Gartengehege von mindestens 5–10 m² Grundfläche je Tier benötigt (vgl. S. 80).

**Futter:** Standardnahrung ist eine tägliche Portion von 30–35 g Hackfleisch oder Dosenfutter für Katzen oder Hunde; Zusatz von etwas Garnelenschrot oder spelzenreichen Futterhaferflocken (Ballaststoffe) sowie 1–2 Tropfen Multivitamin und etwas Heilerde; dazu 10–15 Katzenbrekkies oder eine entsprechende Menge Igel-Trockenfutter sowie gelegentlich 6–8 Mehlwürmer oder Maden. Das Futter sollte abends 2–3 Stunden nach dem Aufwachen gegeben werden; vorher soll der Igel

Igel sind zwar Einzelgänger, fressen aber auch gemeinsam aus einem Napf.

möglichst viel herumlaufen (→ Babynahrung).

**Futtergeschirr:** Flache, leicht zu reinigende Schälchen, z. B. glasierte Blumentopfuntersätze oder Weckglasdeckel.

**Futterverweigerung:** Sofern nicht die Folge eines Kälteeinbruchs oder Schocks, weist eine Futterverweigerung in mehr als 2 Nächten auf eine Erkrankung hin (→ Kotkontrolle, → Appetitlosigkeit).

**Gewichtskontrolle:** Tägliches Wiegen ist für die Kontrolle der Gewichtszunahme bei jungen und untergewichtigen Igeln nötig; auch für die Dosierung von Medikamenten ist das Körpergewicht von Bedeutung. Untergewichtige sollten pro Woche 50 g zunehmen. Jungigel sind mit 200–250 g selbstständig und können Erwachsenenfutter (→ Futter) bekommen.

**Hauterkrankungen:** Weißliche, borkige Beläge zwischen Stacheln und Haaren weisen auf Pilzerkrankungen hin. Wegen Ansteckungsgefahr nur mit Einweghandschuhen anfassen; Behandlung durch den Tierarzt.

**Husten:** Andauernder Husten kann ein Zeichen für → Lungenparasiten sein. → Kotuntersuchung kann Gewissheit bringen. 14 Tage täglich 1 Messerspitze Bisolvon-Pulver ins Futter.

**Injektion (subkutan):** Stachelhaut hinten seitlich mit Pinzette leicht anheben, Nadel waagrecht einführen und Spritzeninhalt langsam injizieren. Ohne Erfahrung zum Tierarzt.

**Innenparasiten:** → Darm- und → Lungenparasiten.

**Knochenbrüche:** Gebrochene Beine beim Igel zu schienen oder anderweitig zu fixieren ist wegen ihrer geringen Größe und den Kräften beim Einrollen nahezu unmöglich. (Allenfalls kommt eine Nagelung in Frage.) So heilen Gliedmaßenbrüche meist schief, was bei Hinterbeinen nicht tragisch ist, bei Vorderbeinen aber die Beweglichkeit so einschränken kann, dass man einen solchen Patient kaum wieder auswildern kann.

**Körpergewicht:** → Gewichtskontrolle und S. 65 f.

**Körpertemperatur:** Während der warmen Jahreszeit etwa 35 °C, jedoch mit tageszeitlichen Schwankungen. Im Winterschlaf bis auf 1,3 °C abfallend.

**Kot:** Normalkot besteht aus 5–10 mm dicken, 40–60 mm langen, trockenen Würstchen. Bei weichem, schleimigem oder gar grünem Kot besteht Verdacht auf Erkrankung.

**Kotuntersuchung:** Bei Verdacht auf → Darm- und → Lungenparasiten müssen Kotproben von 2–3 Tagen an ein Veterinär-Untersuchungsamt eingeschickt werden (S. 74).

**Krallenpflege:** Bei zu langen Krallen mit scharfer Nagelschere schräg von oben die Spitzen entfernen.

**Lähmung:** Als Folge von Parasitenbefall, falscher Ernährung, Vitaminmangel oder unzureichender Bewegungsmöglichkeiten kann es zu Lähmungen kommen. Vorbeugende

Die richtige Methode, das Körpergewicht zu kontrollieren, erspart einem manchen Ärger.

Bei der Krallenpflege ist es wichtig, schräg und nicht zu tief (ins »Leben«) zu schneiden.

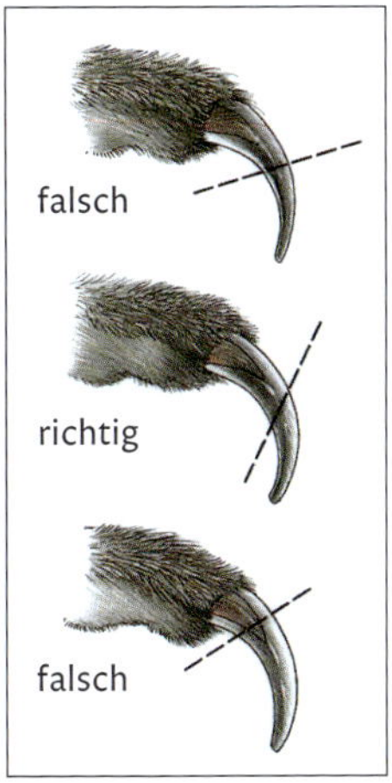

Behandlung mit Oleovit-D3 (Vitamin-D3), mit Vitamin-B-Komplex oder frischem Lebertran. Bereits eingetretene Lähmungen können erfolgreich mit Anabolica behandelt werden, z. B. mit Dianabol-Injektionen, mit Primobalan oder Laurabolin. Laufbehinderungen können aber auch die Folge zu langer Krallen sein (➜ Krallenpflege).

**Lungenparasiten:** Häufig hustende, rasselnd atmende oder Blut spuckende Igel haben oft Lungenhaarwürmer oder durch Schnecken übertragene Lungenwürmer. Bestätigung durch ➜ Kotuntersuchung. Behandlung: Injektion von 0,2 ml/100 g Igelgewicht einer 1–2 %igen Citarin-L-Lösung im Abstand von 2 Tagen unter die Rückenhaut injizieren oder 1 Tablette (je nach Körpergewicht) Telmin KH pulverisiert im Futter für 5 Tage.

**Milben:** Behandlung durch ➜ Säuberungsbad mit Sebacil-Zusatz oder Dectomax + physiol. Kochsalzlösung (1:30) mit Pumpspray aufbringen.

**Milch:** Kuhmilch ruft bei Igeln Durchfall hervor und darf nicht gegeben werden. Allenfalls Sahne als Zusatz zur ➜ Babynahrung.

**Ohrenentzündung:** Häufig die Folge von Milbenbefall im Ohr. Behandlung: Die Igelbehausung mit Sebacil, Bolfo oder Jacutin-N-Spray besprühen; nur im akuten Fall direkt ins Ohr sprühen, dabei Nase und Augen schützen.

**Parasiten:** Siehe ➜ Fliegen, ➜ Flöhe, ➜ Milben, ➜ Zecken sowie ➜ Darm- und ➜ Lungenparasiten.

**Pfleglinge:** In Pflege genommen werden dürfen nur untergewichtige Igel (< 800 g Erwachsene, < 500 g Jungtiere) ab Ende Oktober, verwaiste Jungigel sowie kranke und

Im Gemüsegarten betätigt sich der Igel gewöhnlich als Vertilger von »Schädlingen«.

verletzte Igel. Nach Wiederherstellung der Vitalität müssen Igel wieder ausgewildert werden.
**Säuberungsbad:** Stark verschmutzte Igel in 10 cm tiefem, handwarmem Wasser unter Zusatz von etwas Sebacil-Lösung (1 ml auf 1 Liter Badewasser) durch mehrfaches Übergießen gründlich durchnässen und ggf. mit Spülbürste behutsam abbürsten. Danach in warmem, zugfreiem Raum trocknen (nicht föhnen). Stark geschwächte oder unterkühlte Igel müssen vorher aufgewärmt, gefüttert und mindesten 1 Tag in Ruhe gelassen werden. Da ein Bad den Igel stark stresst, sollte man es nur einmal und nicht unmittelbar nach einer Fütterung vornehmen.
**Stachelausfall:** Kahle Stellen können durch ➜ Milben oder Vitaminmangel verursacht sein. Behandlung mit Multivitamin- und Spurenelement-Präparaten (z. B. Osspulvit, Devidrei, Combionta, Primavitan, Totalin, Vionate). Geringer Stachelausfall und Stachelwechsel bei Jungtieren ist normal.
**Temperatur:** ➜ Körpertemperatur, ➜ Umgebungstemperatur.
**Tollwut:** Kommt bei Igeln äußerst selten vor; Beißen, schaumiger Speichel (➜ Bespeicheln) etc. sind keine Anzeichen von Tollwut.
**Trinken:** Nur frisches ➜ Wasser oder Kamillentee, keine Milch.
**Umgebungstemperatur:** Im Sommer 18–22 °C am Boden; bei Winterschlaf unter 10 °C; eine Temperatur zwischen 12 und 16 °C ist im Winter zu vermeiden (➜ S. 77).
**Ungeziefer:** Siehe ➜ Flöhe, ➜ Milben, ➜ Zecken.
**Wasser:** Frisches Wasser oder Kamillen- bzw. Fencheltee sollten das einzige Getränk für Igel sein (keine Milch). Obwohl Igel schwimmen können, gehen sie ungern ins Wasser.
**Wunden:** Klaffende Wunden müssen vom Tierarzt versorgt (genäht) werden. Leichtere Schürf- und Schnittwunden mit warmem Wasser und Wattestäbchen vorsichtig säubern und mit Jod desinfizieren.
**Zahnstein und Zahnfleischerkrankungen:** Ältere Igel leiden oft an Zahnstein, was lockere Zähne und Zahnfleischentzündungen zur Folge hat. Beläge können mechanisch entfernt und mit Pyralvex, Hexoral oder Unguforte-PBS-dentale nachbehandelt werden.
**Zecken:** Mit breiter Pinzette tief erfassen, herausdrehen oder mit Ruck herausreißen; die Köpfe bleiben bei Igelzecken selten zurück. Bei Massenbefall mit Kleinzecken Behandlung wie ➜ Milben.
**Zwangsfütterung:** Wenn schwache oder kranke Igel keine Nahrung aufnehmen, muss man sie vorübergehend zwangsernähren. Dazu eignen sich proteinreiche Diätnahrungsmittel für Hunde oder Katzen (z. B. Hill's Prescription Diet Canine/Feline a/d), die man mit ungesüßtem Fencheltee anrührt und mit der Einwegspritze seitlich schluckweise ins Maul gibt (5-mal täglich je etwa 20 ml).

Igel kommen ziemlich lange ohne Wasser aus.

## Literatur

**Bandini, D. & Bandini, G.:** Das Igel-Buch. dtv, München 2001
**Neumeier, M.:** Das IgelPraxisbuch. Franckh-Kosmos, Stuttgart 2001
**Neumeier, M.:** Igel in unserem Garten. Franckh-Kosmos, Stuttgart 2006
**Schicht-Tinbergen, M.:** Der Igel-Patient. Enke/G. Fischer 1995
**Struck, S. & H. Meyer:** Die Ernährung des Igels, Schlüter, Hannover 1998

## Adressen

### Bezug von Igelhäusern

**Gartenbedarf-Versand Richard Ward**
Günztalstraße 22
D-87733 Markt Rettenbach
www.gartenbedarf-versand.de

**Lebensmittelgemeinschaft e.V.**
Sassen 1
D-36110 Schlitz-Sassen
www.handwerksprodukte.de

**Manufactum**
Hoof & Partner KG
D-45729 Waltrop
www.manufactum.de

**prime factory GmbH & Co. KG**
Abt. Schneckenprofi
Seelust 4
D-25581 Hennstedt
www.schneckenprofi.de

**Schwegler-Igelkuppel**
Heinkelstraße 35
D-73614 Schorndorf
www.schwegler-natur.de

### Überregionale Vereine

**Deutschland**
**Pro Igel e.V.**
Geschäftsstelle
Lilienweg 22
D-24536 Neumünster
Telefon: 0180-5555-9555
Telefax: 04321-939479
Mail: info@pro-igel.de
www.pro-igel.de

**Österreich**
**Igelfreunde Österreichs**
Sonnenweg 5
A-5300 Hallwang
Tel. 0662/663125
igelfreunde@telering.at

**Schweiz**
**pro Igel**
Bahnhofstr. 33
CH-8703 Erlenbach
Tel. 044/7670790
Fax 044/7670811
www.pro-igel.ch

### Regionale Vereine Deutschland (nach Postleitzahlen geordnet)

**Igelfreunde Leipzig u. U. e.V.**
Dieskaustr. 155
04249 Leipzig
Telefon: 0341/4247662
oder 0341/9413901;
Telefax: 0341/4247662

**Igelhilfe Altenburg e.V.**
Zschernitzscher Str. 24
04600 Altenburg
Telefon: 03447/833483;
Telefax: 03447/81757

**Arzberger Igel- und Naturfreunde e.V.**
Pfarrstr. 11 A
04886 Arzberg
Telefon: 034222/40592

**Igelfreunde Sachsen-Anhalt e.V.**
Erich-Mühsam-Str. 7
06886 Lutherstadt- Wittenberg
Telefon: 03491/612776
und 033747/60649;
Telefax: 03491/612776

**Rheinisch-Westfälische Igelfreunde e.V. RWI**
Erich-Mühsam-Str. 7
06886 Lutherstadt- Wittenberg
Telefon: 03491/612776
und 033747/60649;
Telefax: 03491/612776

**NABU Berlin / Fachgruppe Igelschutz**
Dornröschenstr. 37
12555 Berlin
Telefon: 030/6571834

**Arbeitskreis Igelschutz Berlin e.V.**
Berliner Str. 79 a
13467 Berlin
Telefon: 030/4049409;
Telefax: 030/40501372,
www.igelschutzberlin.de

**NABU Rostock / Fachgruppe Igelschutz**
Hermannstr. 36
18050 Rostock
Telefon: 038208/13472

**Komitee für Igelschutz e.V. Hamburg**
Flaßheide 42
22525 Hamburg
Telefon: 040/5404807;
Telefax: 040/52014802

**Menschen für Tiere Igelhilfe e.V.**
Osterdeich 142
25845 Nordstrand
Telefon: 04842/8587;
Telefax: 04842/8587

**Igel-Schutz-Initiative e.V. IGSI**
im »Igelhaus« Ohestr. 12
30880 Laatzen
Telefon: 0511/233161;
Telefax: 0511/221774
www.igelschutz-initiative.de

**Igel Arche e.V.**
Schulstr. 8
33102 Paderborn
Telefon: 05251/8780133;
Telefax: 05251-/282834

**Igelnothilfe e.V.**
Neusser Str. 5
41516 Grevenbroich
Telefon: 02182/812277;
Telefax: 02182/2639

**Netzwerk Igel e.V.**
Friedrich-Ebert-Str. 157a
42117 Wuppertal
Telefon: 0202/3097717

**Igelschutz-Interessengemeinschaft e.V.**
Am Kohlenmeiler 180
42389 Wuppertal
Telefon: 0202/603403;
Telefax: 0202/2653173

**Arbeitsgruppe Igelschutz Dortmund**
Beratungsstelle im Tierschutzzentrum
Hallerey 39
44149 Dortmund
Telefon: 0231/175555

**Herbstwind e.V.**
Weidenstr. 5
45739 Oer-Erkenschwick
Telefon: 02368/2342;
Telefax: 02368/4482

**Beratungsstelle Igel e.V.**
Hofacker 7
46562 Voerde
Telefon: 02855/15580;
Telefax: 02855/15582

**Freunde der Igelstation Heinsberg e.V.**
Talstr. 77
52525 Heinsberg-Aphoven
Telefon: 02452/157315

**Igel-Insel e.V.**
Müllerweg 60
63165 Mühlheim
Telefon: 06108/71657;
Telefax: 06108/71657

**Verein der Igelfreunde Stuttgart u. U. e.V.**
Feuerbacher Weg 4
70192 Stuttgart
Telefon: 0711/2567563;
Telefax: 0711/2567600,
igelverein-stuttgart@arcor.de

**Igelschutz-Interessengemeinschaft e.V.**
Alter Trailfinger Weg 3
72525 Münsingen
Telefon: 07381/931604

**Igel-Connection e.V.**
Orffweg 3
74193 Schwaigern
Telefon: 07138/5651;
Telefax 07138/920552

**Arbeitskreis Igel- und Umweltschutz e.V.**
Wettegasse 12
79807 Lottstetten
Telefon: 07745/7167;
Telefax: 07745/1656

**Igelhilfe Schwaben e.V.**
Nibelungenring 40
86356 Neusäß
Telefon: 0821/467569;
Telefax: 0821/452087

**Igel-SOS Donau-Ries e.V.**
Am Kesseldamm 1
86609 Donauwörth
Telefon: 0906/21649;
Telefax: 0906/7057494

**Verein der Igelfreunde e.V.**
Schleifweg 54a
87766 Memmingerberg
Telefon: 08331/494318;
Telefax: 08331/494318

**Igelhilfe Mittelfranken e.V.**
Zähringer Str. 3
90475 Nürnberg
Telefon: 0911/834561

**Igelschutzverein Niederbayerisches Donautal e.V.**
Hochfeld 5
94469 Deggendorf
Telefon: 09901/6353

**Igelfreunde Oberfranken e.V.**
Am Bühlig 3
95145 Oberkotzau
Telefon: 09286/1891;
Telefax: 09286/1891

## Igel-Hotline (Pro Igel e.V.)

24-Stunden-Ansagedienst für jahreszeitlich abgestimmte Informationen über Igelhilfe

**Deutschland:**
Telefon: 0180-5555 9551
Faxabruf: 0180-5555-9554

## Bildnachweis

akg-images: 10
Danegger: 24 o, 25, 28, 29, 33 or, 37, 53o, 58, 63
Igelhilfe e.V.: 20, 22, 69 u, 71, 73
ipo-Bildagentur: 17 ur
Labhardt: 30
Pforr: 1, 5 or, 5 ur, 8, 12, 14, 17 o, 17 ul, 23, 24 u, 31, 32, 33 u, 38, 43, 44, 45, 47, 48, 52, 67, 68 o, 76, 77, 81, 83, 84, 85, 87
Reinhard: 2/3, 4, 5 ol, 5 ul, 6, 7 o, 7 u, 11, 15, 18, 19 u, 21, 27, 33 ol, 34, 35, 36, 39, 40, 41, 46, 49, 51, 53 u, 55, 56, 59, 60, 61, 65, 68 u, 69 o, 74, 79, 86, 88, 89, 90, 91
Zeininger: 13

**Grafiken**
Janicek: 19
Walter: 66
Reinhard-Schmidt: 70, 89

Bibliografische Information
Der Deutschen Bibliothek
Die Deutsche Bibliothek verzeichnet diese Publikation in der Deutschen Nationalbibliografie; detaillierte bibliografische Daten sind im Internet über http://dnb.ddb.de abrufbar.

BLV Buchverlag GmbH & Co. KG
80797 München

3. überarbeitete Auflage
(Neuausgabe)



Umschlaggestaltung: Anja Masuch, Fürstenfeldbruck
Umschlagfotos:
Arco Digital Images (Vorderseite)
Reinhard Tierfoto (Rückseite)

Lektorat: Dr. Friedrich Kögel, Dr. Eva Dempewolf
Satz: Uhl + Massopust, Aalen
Herstellung: Hermann Maxant

Gedruckt auf chlorfrei gebleichtem Papier

Printed in Germany
ISBN 978-3-8354-0284-3

# Eine kleine Auswahl aus unserem Programm

**Der Tier- und Pflanzenführer für unterwegs**
Das kompakte Bestimmungsbuch mit 900 Tier- und Pflanzenarten und 1350 Farbfotos – ideal für unterwegs; mit bis zu 5 Fotos pro Art und Sonderteilen, die das Bestimmen zusätzlich erleichtern.
*ISBN 978-3-8354-0019-1*

Michael Lohmann
**Der BLV Tierführer für unterwegs**
Details erkennen – sicher bestimmen: Säugetiere, Vögel, Reptilien, Amphibien, Insekten und andere in naturgetreuen Zeichnungen; Kennzeichen, Vorkommen, Lebensweise und interessante Fakten.
*ISBN 978-3-8354-0054-2*

Einhard Bezzel
**Vögel im Jahreslauf**
Ausführliche Informationen, welche Vögel Monat für Monat in Garten und Park, im Wald, auf Wiesen, auf Feldern und am Wasser zu beobachten sind; Besonderheiten der jeweiligen Jahreszeit, Beobachtungssituationen, besondere Arten, u.v.m.
*ISBN 978-3-8354-0186-0*

Henry Bellosa/Lutz Dirksen/Mark Auliya
**Faszination Riesenschlangen**
Das ultimative Riesenschlangen-Buch mit sensationellen Fotos: spektakuläre Storys über Rekordschlangen und ihre Übergriffe auf Menschen, über Exepeditionen und Entdeckungen; bedrohte Arten, Haltung in der Wohnung und vieles mehr.
*ISBN 978-3-8354-0282-9*

Mario Ludwig
**Welcher Bär frisst Zyankali?**
Fit fürs Naturquiz: 444 x Rätselspaß in Fragen und Antworten zu kuriosen und interessanten Details aus der Tier- und Pflanzenwelt; Rekorde und Superlative, amüsante Fakten und witzige Storys – illustriert mit heiteren Zeichnungen von Jan Gulbransson.
*ISBN 978-3-8354-0222-5*

Rémy Wenger (Hrsg.)
**Höhlen – Welt ohne Licht**
Geheimnisvolle Orte des Schweigens, eine Wunderwelt unter Tage: die Faszination und der Zauber von Höhlen in spektakulären Fotos; Entstehung, Höhlenformen, Tierleben, Forschung und die bedeutendsten Höhlen der Welt.
*ISBN 978-3-8354-0298-0*

**Die zuverlässigen Berater**

**BLV Bücher bieten mehr:**

- mehr Wissen
- mehr Erfahrung
- mehr Innovation
- mehr Praxisnutzen
- mehr Qualität

Denn 60 Jahre Ratgeberkompetenz sind nicht zu schlagen!

Dass Sie sich gut beraten fühlen – das ist unser Ziel. Falls Sie Fragen und/oder Anregungen haben, schreiben Sie uns bitte:

**BLV Buchverlag GmbH & Co. KG**
Lektorat · Lothstraße 19
80797 München
Postfach 40 02 20
80702 München
Telefon 089/12 02 12-0 · Fax -121
E-mail: blv.verlag@blv.de

Unser Buchprogramm umfasst über 750 Titel zu den Themen **Garten · Natur · Heimtiere · Jagd · Angeln · Sport · Golf · Reiten · Alpinismus · Fitness · Gesundheit · Kochen.** Ausführliche Informationen erhalten Sie unter **www.blv.de**

blv

**MEHR ERLESEN!**